問2：点線にそって切り離し、正方形をつくりましょう。

☆答えは、一通りでは
ありません。

※答えは、78ページにあります。

算額《さんがく》

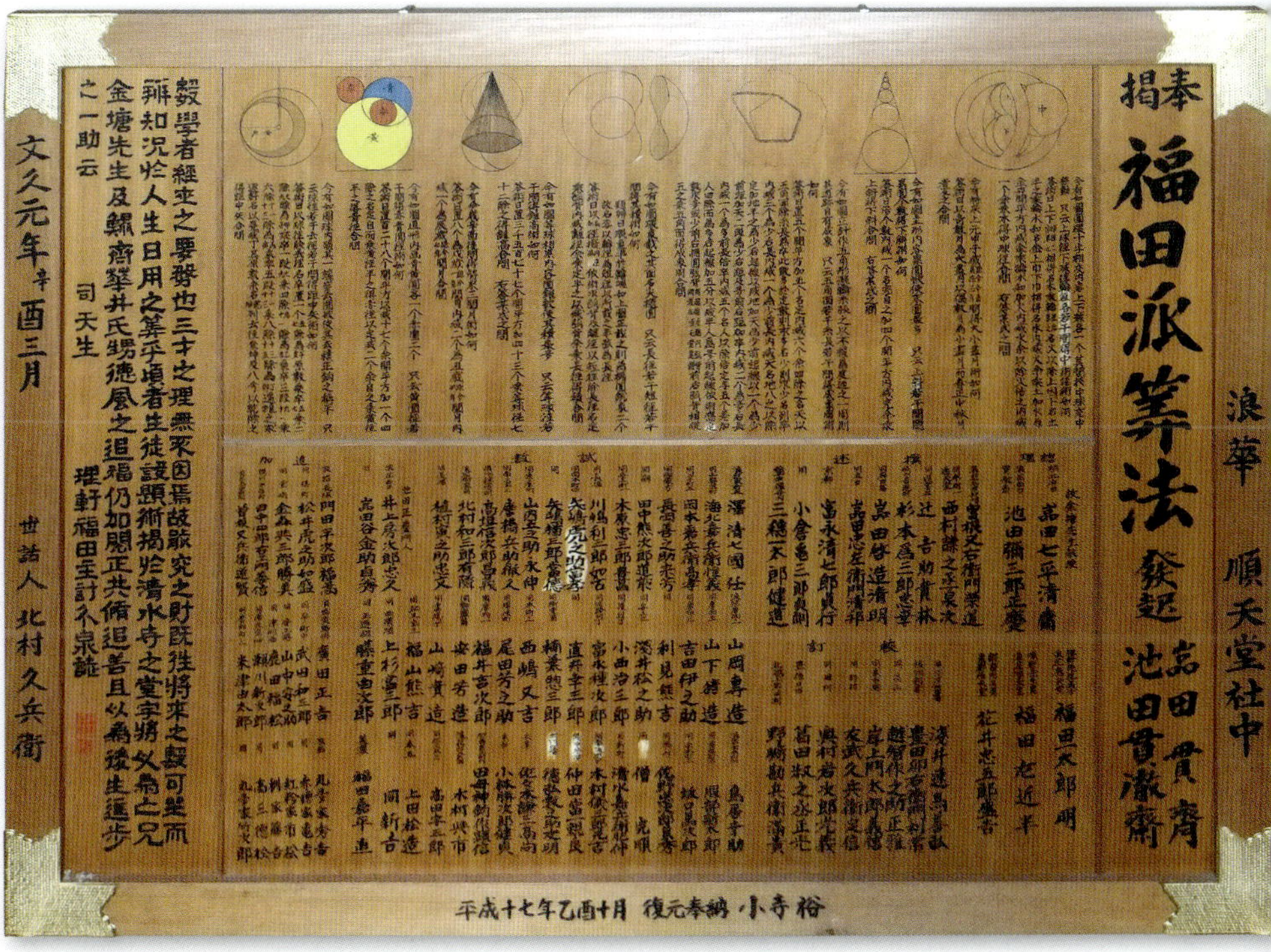

大阪市《おおさかし》 清水寺《きよみずでら》

〔弘化《こうか》４年（1847年）に福田理軒《ふくだりけん》が奉納《ほうのう》、平成《へいせい》17年（2005年）に筆者《ひっしゃ》が復元《ふくげん》し奉納〕

和算書

関孝和《せきたかかず》著『括要算法《かつようさんぽう》』正徳《しょうとく》２年（1712年）

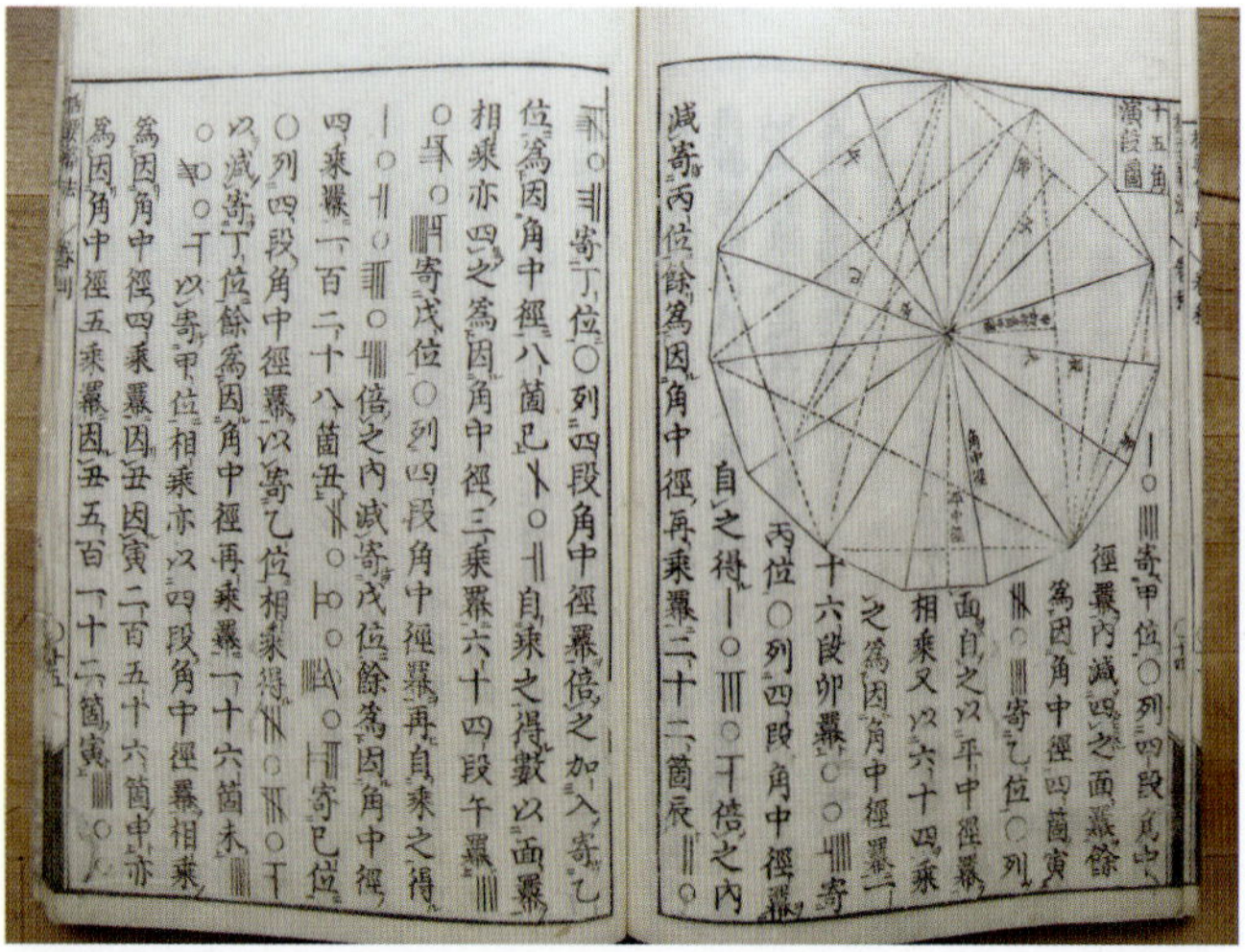

会田安明《あいだやすあき》著『算法古今通覧《つうらん》』寛政《かんせい》９年（1797年）

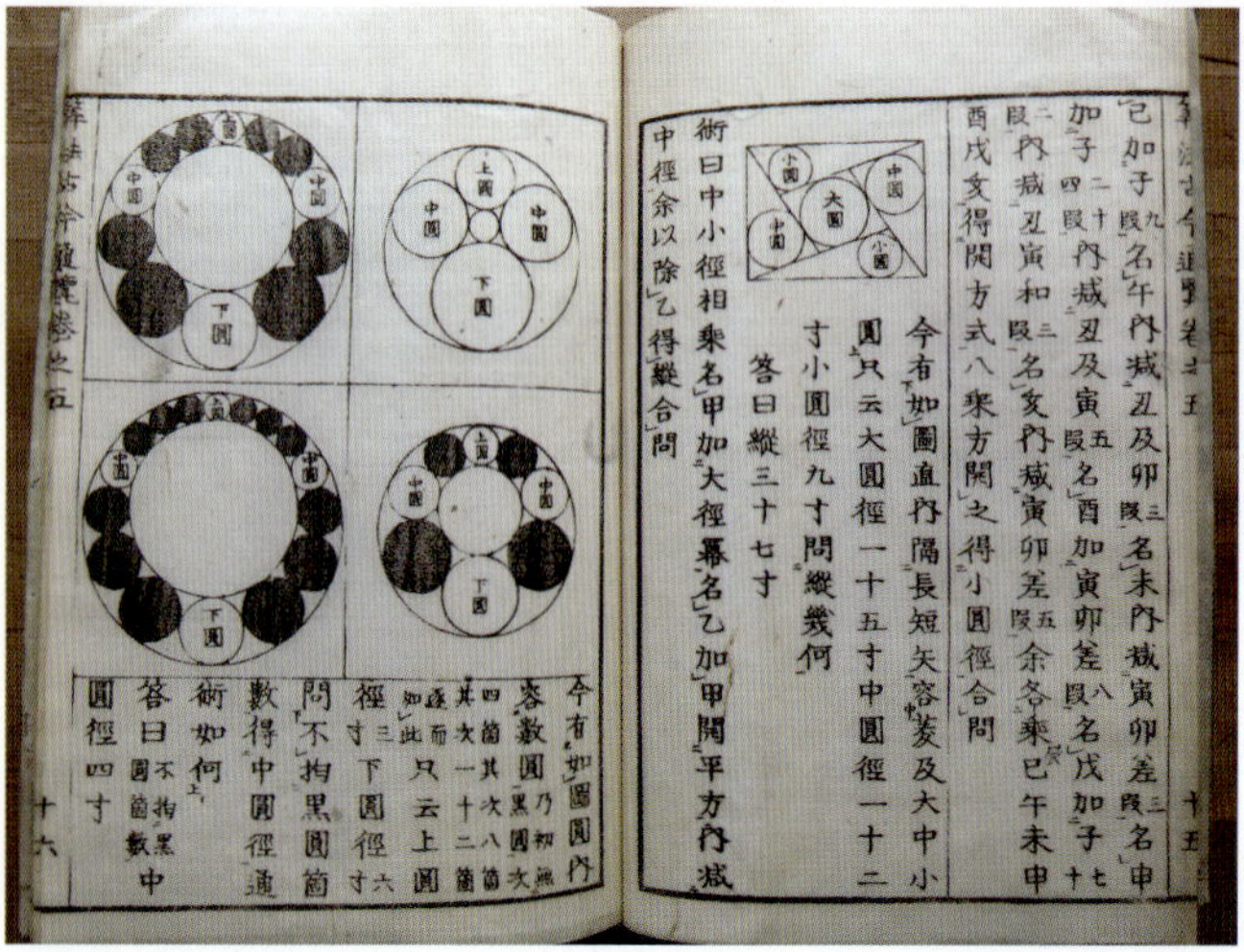

筆者所蔵（２点とも）

計算のための道具

天保《てんぽう》（1830年～ 1843年）ごろのそろばん

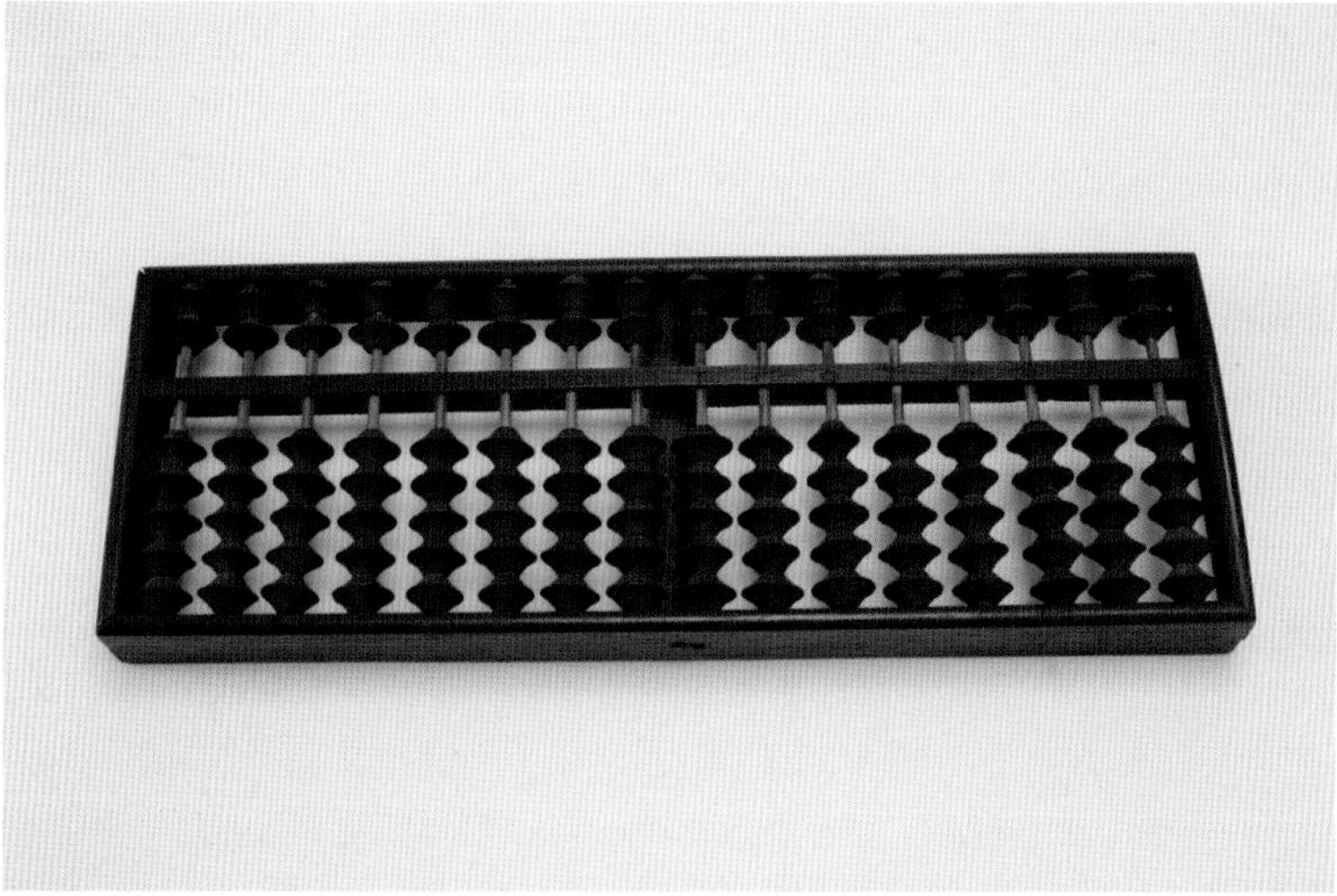

江戸《えど》時代に使われていた算木《さんぎ》と算盤《さんばん》

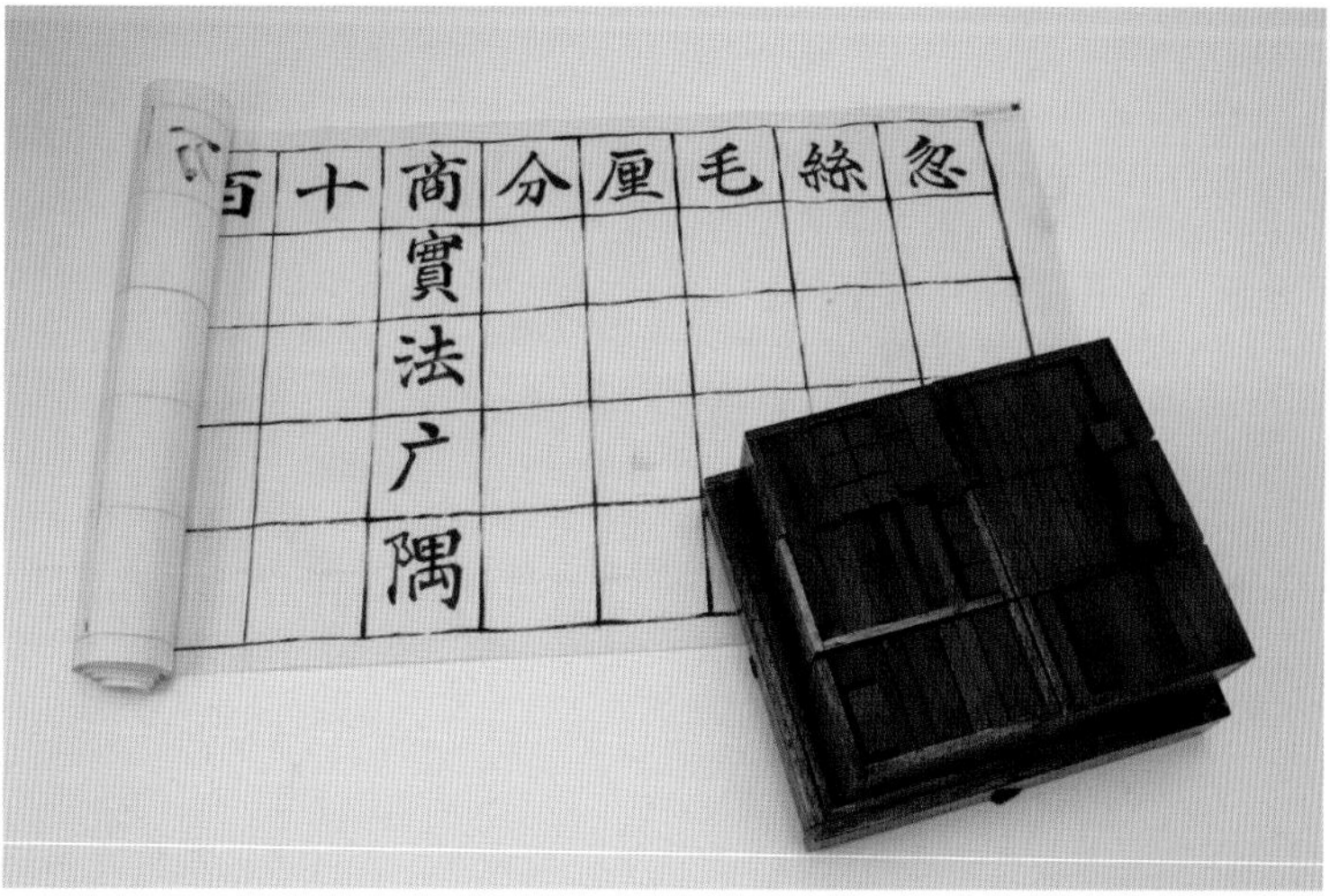

東京理科大学近代科学資料館所蔵（２点とも）

算数・数学の応用《おうよう》

土地をはかって地図をつくったり、月や星を観察《かんさつ》して暦《こよみ》をつくったりするためにも数学が必要《ひつよう》です。

江戸《えど》時代の日本地図

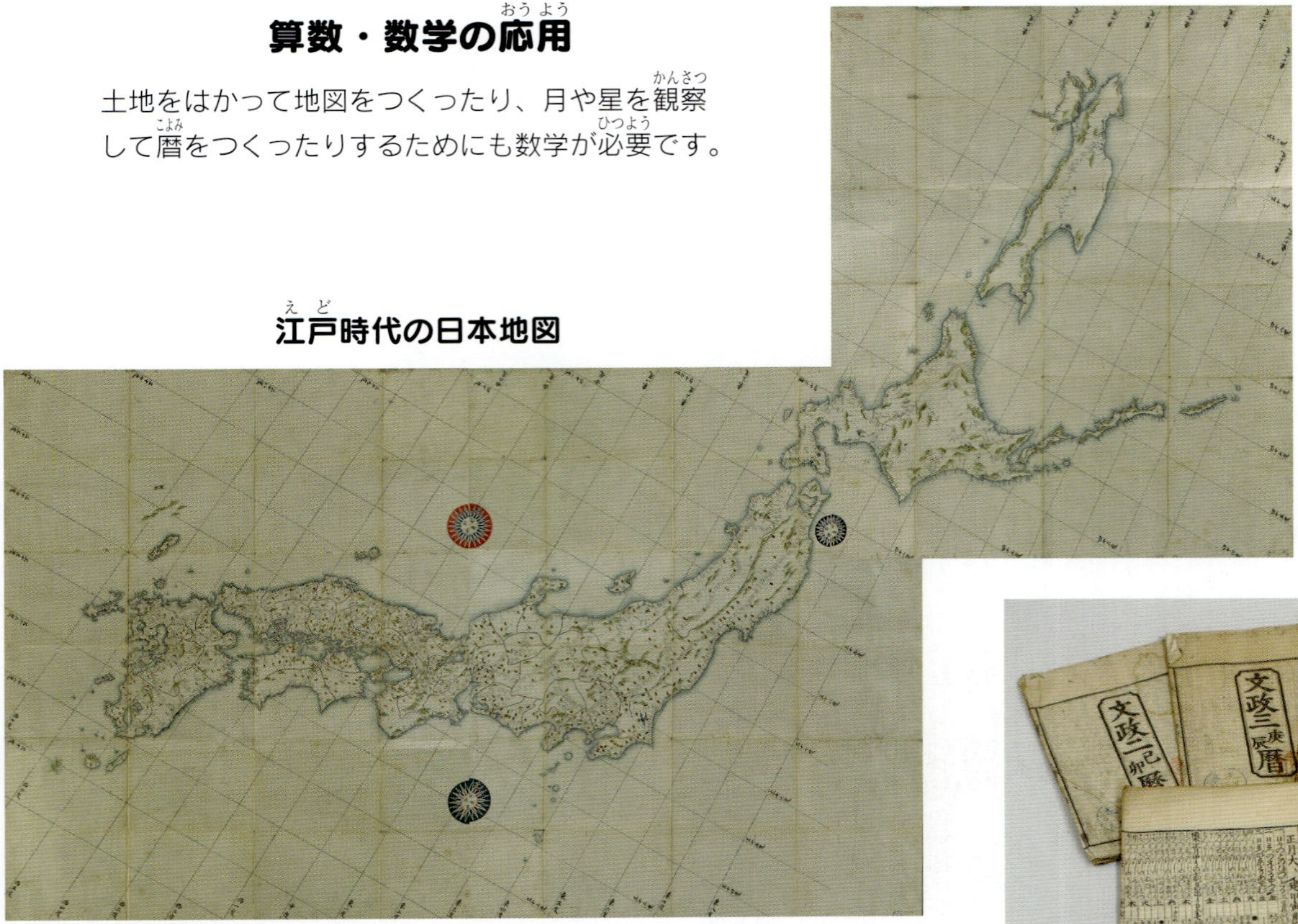

国立国会図書館ウェブサイトより転載

伊能忠敬《いのうただたか》：原図、高橋景保《たかはしかげやす》：編《へん》〔文政《ぶんせい》10年（1827年）ごろ〕

江戸時代の暦

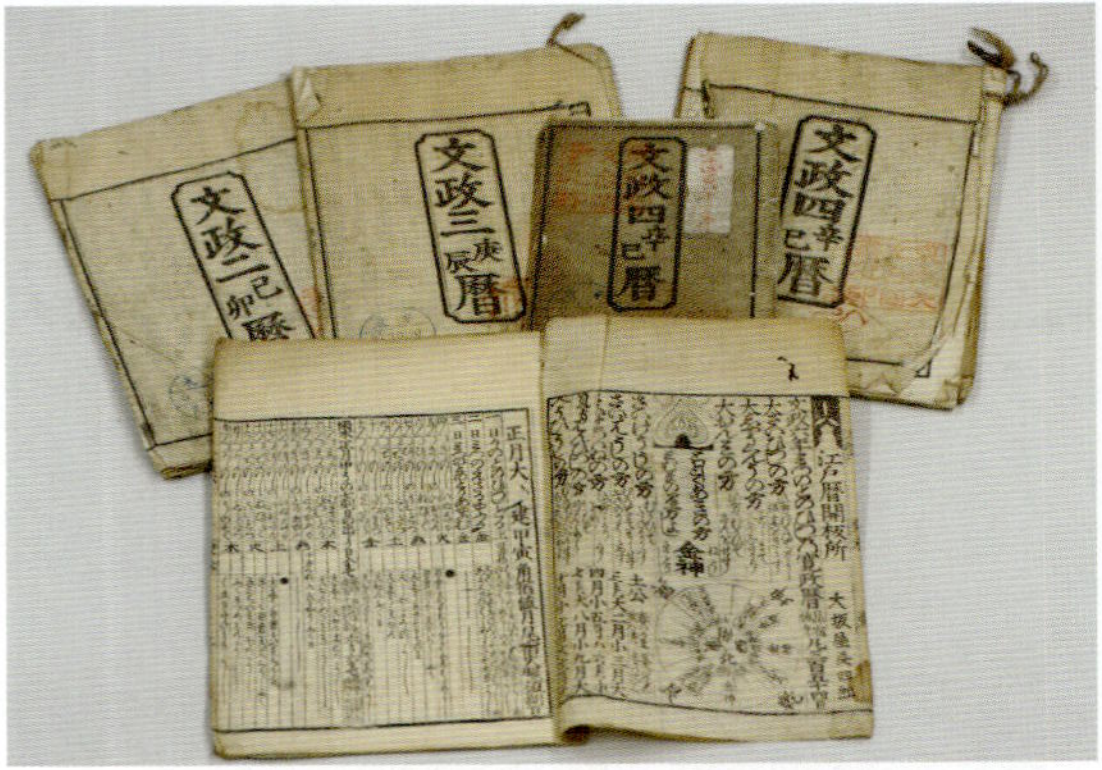

「江戸暦」〔文政年間（1818年～1830年）〕

国立天文台所蔵

ちしきのもり

少年写真新聞社

もくじ

はじめに

わたしたちが現在《げんざい》学んでいる算数や数学（中学以降《いこう》の算数のよび方）は明《めい》治《じ》時代以後《いご》、ヨーロッパから入ってきたものです。しかし明治以前《いぜん》の江戸《えど》時代、日本にもりっぱな算術《さんじゅつ》（昔《むかし》の小学校での算数のよび方）がありました。「和算」といいます。ヨーロッパから入ってきた数学を洋算といったことに対する言葉です。みなさんの中には、江戸時代にも算数があったことはなんとなく知っている、という諸君《しょくん》も多いでしょう。しかし、おとなもふくめて、くわしい内容《ないよう》まで知っている人は意外と少ないです。

最近《さいきん》、おとなの世界ではちょっとした数学ブームです。学生時代になやまされた数学にもう一度ちょうせんしてみよう、という人がふえているようです。また、歴史《れきし》、とくに江戸時代に関心《かんしん》をよせる人もたくさんいます。こうしたことから、和算もマスコミでとり上げられることが多くなりました。歴史といえば政治《せいじ》や経済《けいざい》についてとりあつかうことがほとんどですので、江戸時代と数学というちょっと意外な組み合わせが、人気のひみつのようです。

そこで小学生のみなさんに、江戸時代の算術ってどんなことを考え、どのようにして計算していたのかをわかりやすく解説《かいせつ》することにしました。

ところどころに、おとなの人にも楽しんでもらえるコーナーをもうけてあります。保護者《ほごしゃ》の方や先生といっしょに読んでみてください。おとなの方も数学再《さい》入門という感じで、子どもたちといっしょに楽しんでいただければと思います。

和算を知ることで、算数の授業《じゅぎょう》がより楽しく、「算数好《ず》き」になっていただければ、著者《ちょしゃ》としてこんなにうれしいことはありません。

それでは和算ワールドへワープしましょう。

小寺《こてら》 裕《ひろし》（二代目 福田《ふくだ》 理軒《りけん》）

この本について

この本には、江戸《えど》時代の人びとが考えた「和算」の問題が、たくさんしょうかいされています。どれも、小学校で学ぶ算数でとける問題ですが、中には少し複雑《ふくざつ》でむずかしいものもあります。

とくにむずかしいものは、“おとなの人もいっしょにどうぞ”としてありますので、おうちの人や先生といっしょに考えてみましょう。

第一章　算数・数学の歴史《れきし》

算数・数学は、どこでどのように生まれ、発展《はってん》していったのでしょうか。

この章では、その歴史をながめてみましょう。

古代エジプト・メソポタミアの数学

算数・数学の歴史《れきし》は人類《じんるい》文化の歴史といってもよいでしょう。今から六千年の昔、ナイル川にそったエジプト地方と、チグリス川、ユーフラテス川にはさまれたメソポタミア地方に、文明がさかえました。それぞれエジプト文明、メソポタミア文明とよばれています。大きな河川《かせん》の豊《ゆた》かな水と肥《こ》えた土地が、農耕《のうこう》に適《てき》していたのでした。

しかし、これらの地域《ちいき》では河川のはんらんなどに対する治水《ちすい》工事として堤《てい》防《ぼう》やほりをつくるために、体積《たいせき》の計算が必要《ひつよう》になってきます。土地の面積《めんせき》に応《おう》じて、税金《ぜいきん》も計算しなければなりません。災害復旧《さいがいふっきゅう》のためにも土地をはかることが必要になります。メソポタミアの資料《しりょう》には、立体の体積をもとめる公式などものこっています。また、ピラミッドで有名な古代エジプトでは、

古代エジプト、メソポタミア

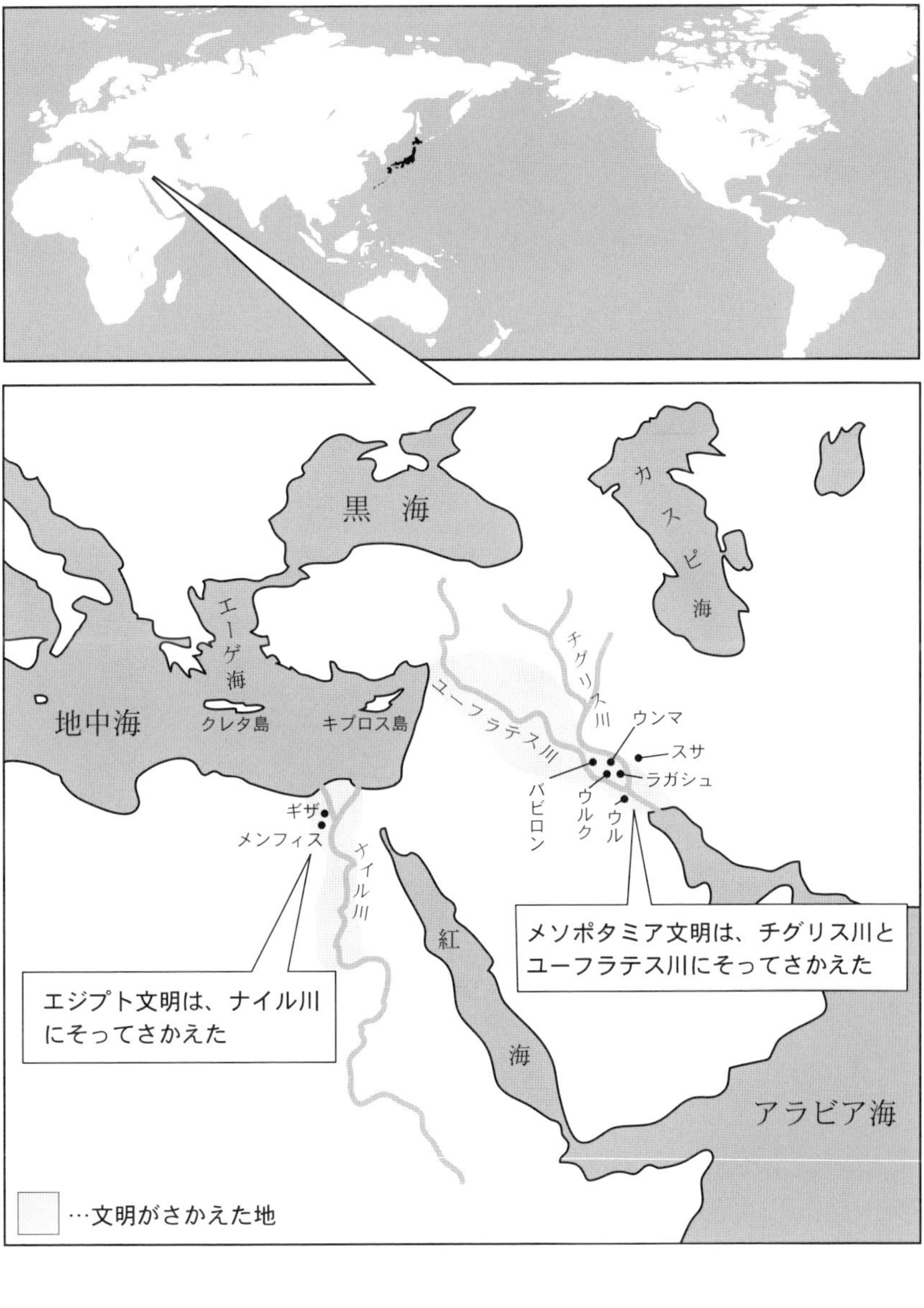

なわを使って直角をつくり、測量《そくりょう》※に役立てていました。

このように土地をはかることが数学のおこりといえます。

これはほかの文明でも同じでしょう。人間が生きていくために必要《ひつよう》な水のあるところに文明がおこり、「はかる」という行為《こうい》によって、数や図形に関《かん》する文化すなわち数学がおこってきたのです。図形に関する数学を「幾何《きか》学《がく》」といいます。

※　土地の広さや地形などをはかること

古代エジプトの直角のつくり方

１本のなわを３：４：５の割合《わりあい》にわけて三角形をつくります。
できた三角形は必《かなら》ず直角三角形になります。

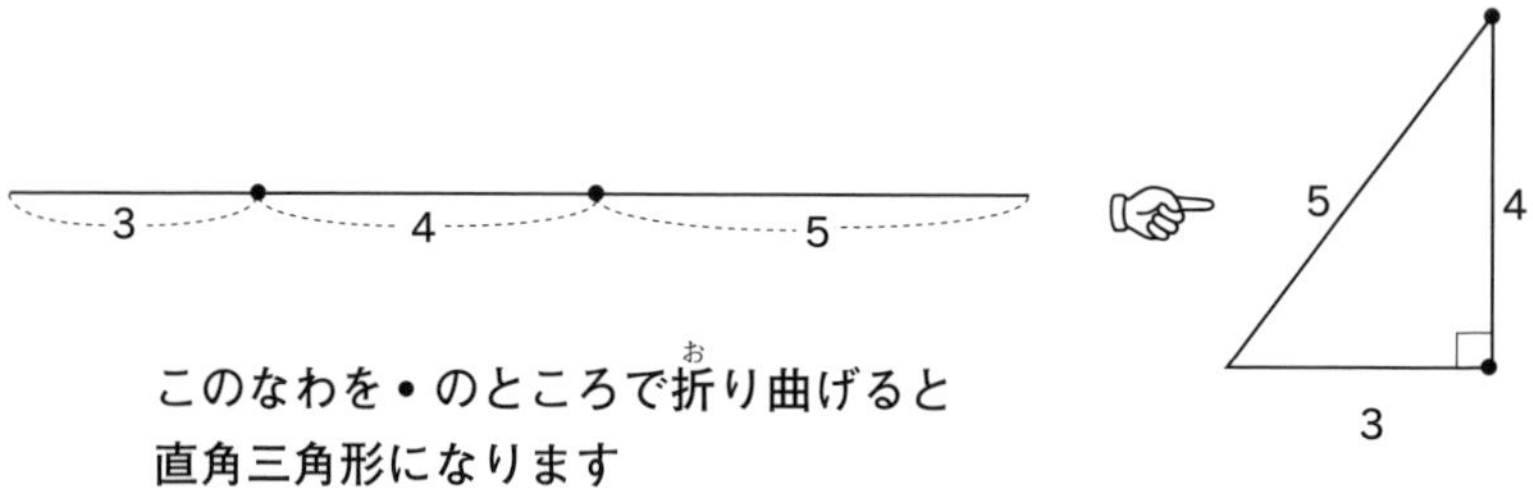

このなわを•のところで折《お》り曲げると
直角三角形になります

古代ギリシャ数学

ピタゴラス

現代《げんだい》数学の直接《ちょくせつ》のみなもとは古代ギリシャ時代までさかのぼるでしょう。エーゲ海のサモス島出身のピタゴラス（紀元《きげん》前五世紀《せいき》ごろ）は「ピタゴラスの定理」（またの名を「三平方の定理」）で有名です。ピタゴラスの定理については、次のページで説明《せつめい》します。

これは和算でもよく使いますので、覚《おぼ》えておいてください（現代では中学三年生の教科書に登場します）。いくつか例《れい》もしめしておきますので、確認《かくにん》してみましょう。

ピタゴラスの定理　その①

下のような直角三角形では、いつも ○×○＋△×△＝□×□[※1]という関係《かんけい》がなり立ちます。この公式をピタゴラスの定理[※2]といいます。

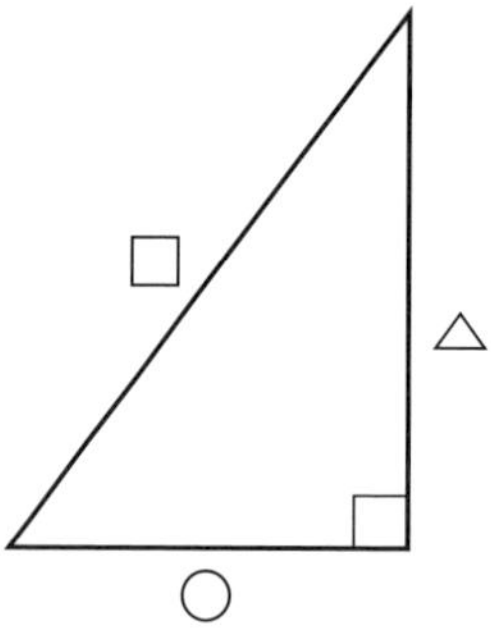

また、○×○ のように同じ数を２回かけるしるしとして、数の右上に小さく２と書き、「○の２乗」とよびます。

上の式も $\bigcirc^2+\triangle^2=\square^2$ と書き表すことができます。

この記号は便利《べんり》なのでこの本でもよく使います。覚《おぼ》えておきましょう。[※3]

10ページの三角形の辺《へん》の関係も $3^2+4^2=5^2$ つまり、9＋16＝25となり、この定理どおりです。ほかにもいくつか例《れい》をしめしておきましょう。

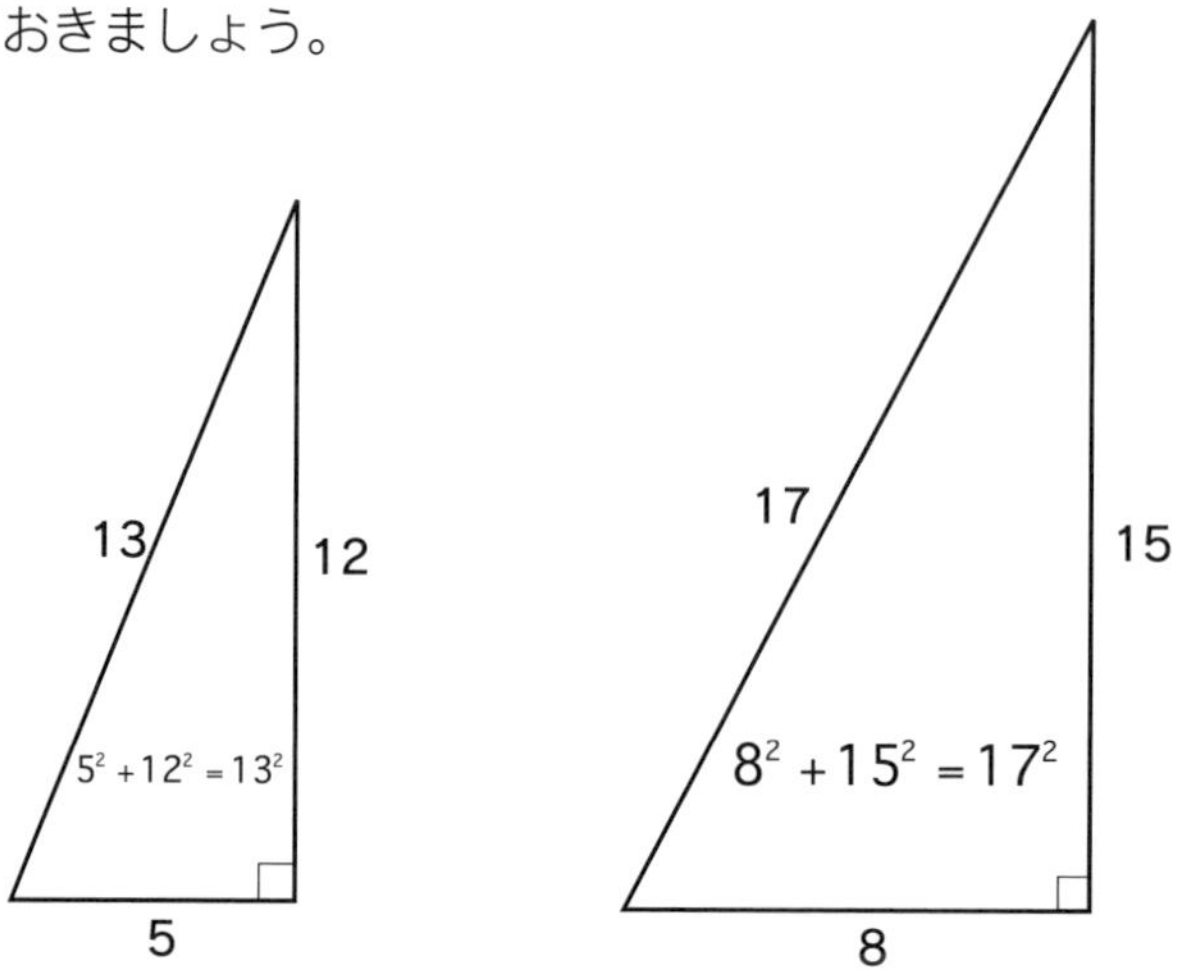

ピタゴラスの定理　その②

　この定理をべつの考え方で見てみましょう。10ページの直角三角形を例にします。

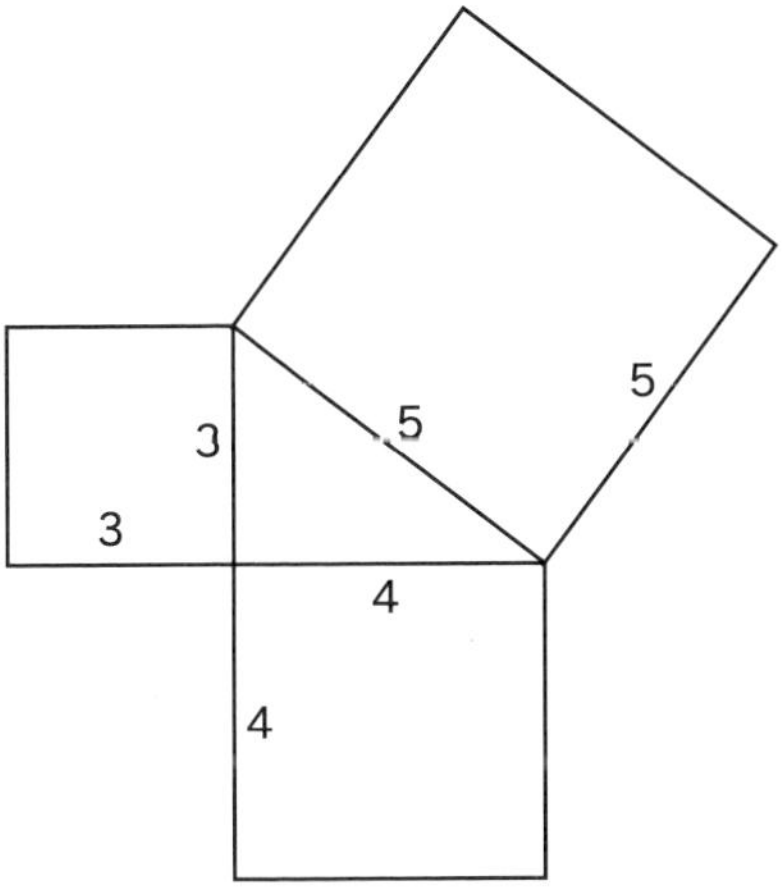

　みなさんは正方形の面積《めんせき》の出し方をもう、習いましたね？

　それでは、左の図のような、三角形のまわりにある３つの正方形の面積をそれぞれ出してみましょう。

３×３＝９　４×４＝16　５×５＝25

です。

ほら、やっぱり $3^2+4^2=5^2$ になりました。

※１　＋、－と×、÷の記号がまじった式では、×、÷を計算した後で、＋、－を計算する。

※２　「定理」については、15ページを参照《さんしょう》。

※３　同様に、○を３回かけるときは○^{3}、○を４回かけるときは○^{4} などと書く。

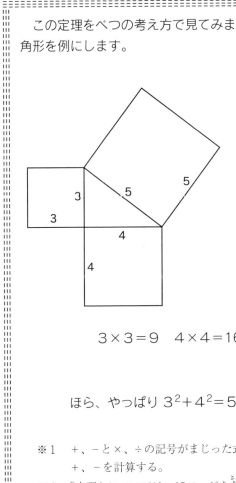

ユークリッド※

ギリシャの血をひくプトレマイオス王（紀元《きげん》前三六七年～紀元前二八二年）がエジプトをおさめるようになると、学問の中心はエジプトのアレキサンドリアにうつりました。プトレマイオス王はアレキサンドリアに数学者ユークリッド（紀元前三世紀《せいき》ころ）をまねき、王自身も数学を学んだといわれています。

ユークリッドが書いた『幾何学原論《きかがくげんろん》』は人の歴史《れきし》がはじまって以来《いらい》の最高《さいこう》の数学書といわれ、こんにちまで伝《つた》えられています。ユークリッド以後《いご》のギリシャの数学者にとって、『幾何学原論』は必《かなら》ず学ばなければならない本になりました。『幾何学原論』は名前のとおり、幾何学（図形）に関《かん》する定理や証明《しょうめい》が書かれています。もちろん、先ほど説明《せつめい》した「ピタゴラスの定理」の証明ものっています。

※　ギリシャ語ではエウクレイデスとよぶ。

定理と証明ってどんなこと？

これまでに定理や証明という言葉が何度か出てきましたね。中学校以上《いじょう》の人にはおなじみですが、小学生には耳なれないかもしれません。

定理とは、正しいということが明らかにされているもので、公式のようなものです。証明はその公式がなり立つ理由を説明するものと思えばよいでしょう。たとえば、「ピタゴラスの定理」の「証明」とは、$○^2+△^2=□^2$ の関係式《かんけいしき》がなぜなり立つのかを、言葉や数式で説明することです。

和算ではピタゴラスの定理のことを「勾股弦《こうこげん》の術《じゅつ》※」といいます。その証明は中学校でとりあつかうのですが、和算では小学生にもわかりやすい説明をしていますので、あとのお楽しみとしておきましょう。早く知りたい人は勾股弦の術のページ（50ページ）を見てください。

※　和算では、とき方や方法《ほうほう》のことを「術」とよぶ。

アルキメデス

アルキメデス（紀《き》元《げん》前二五〇年ころ）はギリシャのシシリー島で生まれ、アレキサンドリアで勉強しました。アルキメデスはすぐに使える数学の活用《かつよう》法《ほう》から理論的《りろんてき》な研究まで、はば広い業績《ぎょうせき》をのこしています。たとえば、円の面積《めんせき》のもとめ方や、円周率《えんしゅうりつ》※は$\frac{223}{71}$より大きくて$\frac{22}{7}$より小さい、などを厳密《げんみつ》に証明《しょうめい》したのです。

多くのエピソードをのこしていますが、一番有名なのが、球の体積《たいせき》をもとめたときのことでした。左ページの図と説明《せつめい》を見てください。この性質《せいしつ》をアルキメデスが発見したときはたいへんうれしかったようで、自分の墓《はか》にこの関係《かんけい》をきざんでほしいといったそうです。

ユークリッドやアルキメデスが活躍《かつやく》した、紀元前三〇〇年から紀元前

円すい・球・円柱の体《たい》積《せき》比《ひ》※

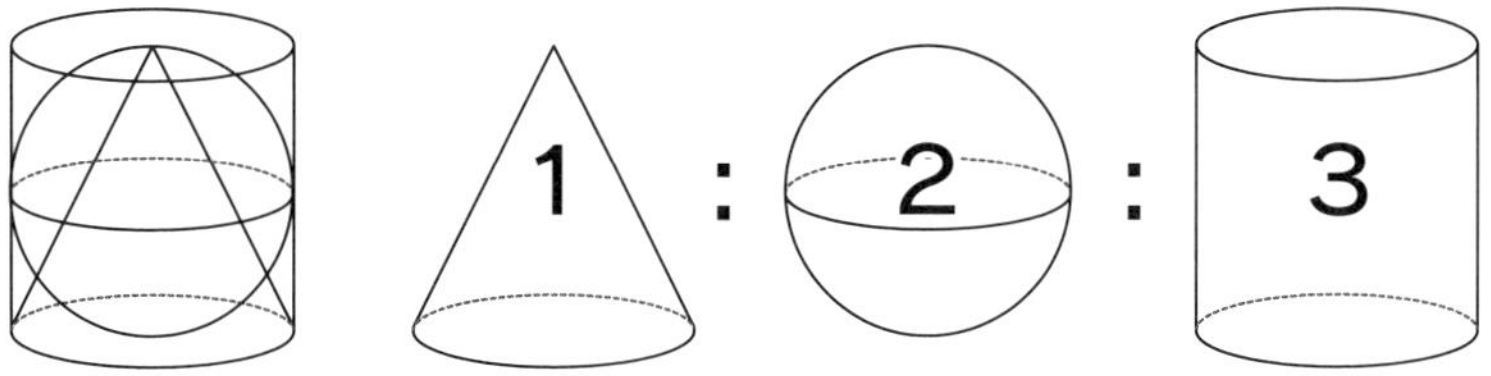

円すい　　球　　円柱

底面《ていめん》と高さが等しい円柱と円すいそしてこの円柱にぴったり入る球があるとき、これらの円すい、球、円柱の体積比は１：２：３となる。

※「比」とは、２つ以上《いじょう》の数や量《りょう》を比《くら》べたときの割合《わりあい》のこと。

二〇〇年の百年間が、ギリシャ数学の黄金時代でした。

※ 円のまわりの長さを直径《ちょっけい》でわったもの。五十八ページ参照《さんしょう》

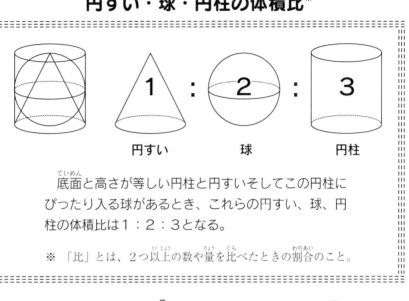

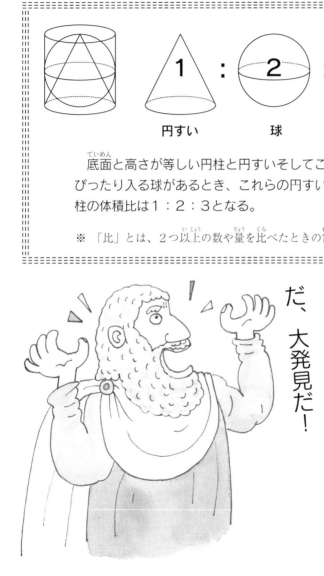

古代インド数学

現在《げんざい》算数で使われている数字（「算用数字」という）1、2、3、……、はインドに起源《きげん》があるといわれています。後に出てくるアラビアを通じてヨーロッパに伝《つた》わり、全世界に広がったためにアラビア数字とよばれるようになりました。そして空位《くうい》（その位《くらい》の数がない）をあらわす「0」をふくんだ十《じっ》個《こ》の数字をもちいる十進記数法《じっしんきすうほう》（左ページ参照《さんしょう》）が発明されたのが、五世紀《せいき》から九世紀ころであろうと推測《すいそく》されています。

記号代数（数字を記号におきかえて考える考え方）が生まれたのもインドとされています。インドのブラフマグプタ（七世紀ごろ）は、5×□−3×○＝1をみたす□と○にはどんな数が入るか、を研究しています。中学以上の数学の言葉でいうと、□をx《エックス》、○をy《ワイ》とし、「$5x-3y=1$をみたすxと

十になったら次の位へ

十進記数法

10ごとに位が上がっていき、空位には0を書く記数法を十進記数法といい、インドが起源といわれています。

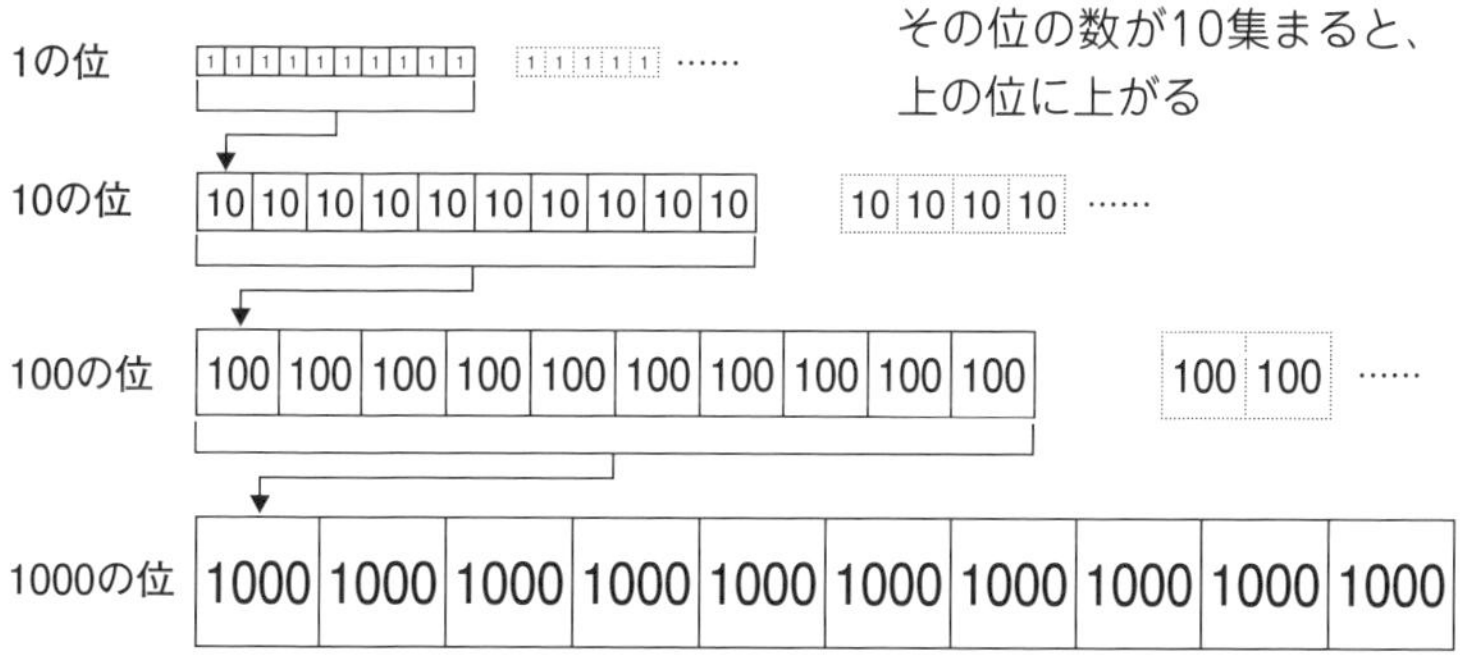

ヨーロッパでは古代ローマ時代から中世にかけてローマ数字が使われていました。中国や日本では漢数字です。現在使われているアラビア数字とともに、３種類《しゅるい》の数字を少しだけ表にしてみました。

漢数字	一	二	三	四	五	六	七	八	九	十	五十	百
アラビア数字	1	2	3	4	5	6	7	8	9	10	50	100
ローマ数字	Ⅰ	Ⅱ	Ⅲ	Ⅳ	Ⅴ	Ⅵ	Ⅶ	Ⅷ	Ⅸ	Ⅹ	L	C

漢数字はおなじみですが、ローマ数字もときどき見かけますね。どんなところにローマ数字が使われているか、調べてみましょう。また、どの数字が便利《べんり》でしょうか。

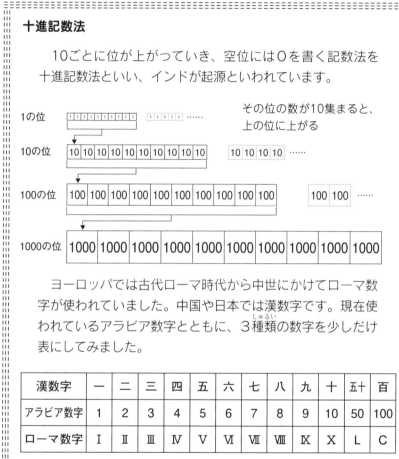

y《ワイ》の値《あたい》をもとめよ」ということです。$5x$《エックス》$-3y=1$のような式を方程式《ほうていしき》といいます。

このように、インドにもりっぱな数学があったことは記憶《きおく》しておきたいですね。

なお、和算でもこれと同じ問題が登場し、「剰一術《じょういちじゅつ》」といいます。

文字や記号で計算しよう

代数と方程式

図形をあつかう分野を幾何《きか》といいましたが（10ページ参照《さんしょう》）、数字やxやyなどの文字と記号を使って計算する分野を代数といいます。

$$4+5\times2=14$$

のような式を代数式といいます。

文字がまじった代数式、

$$x+5\times2=14$$

のようなものを方程式といい、

「方程式 $x+5\times2=14$をとくと$x=4$となる」

と表現《ひょうげん》します。これを小学生向けにいうと、

「□＋5×2＝14となる□はいくらですか?」

「□は4です」

ということです。

代数のおもな仕事はこのような方程式をとくことです。

アラビア数学

七世紀《せいき》にムハンマド（五七〇年ころ〜六三二年）がイスラム教によってアラビア半島を統一《とういつ》し、やがてイスラム帝国《ていこく》ができました。そこではギリシャやインドの天文学・数学などがアラビア語に翻訳《ほんやく》されました。当時のヨーロッパでは学問がふるわず、かつてのギリシャ学問の灯《ひ》は消えかかっていました。しかしギリシャ数学黄金期のユークリッドやアルキメデスなどの数学はアラビア語に訳《やく》され、イスラム世界で息をふき返しました。

また、アラビアはインドにギリシャ文化を伝《つた》え、ぎゃくにインドの文化、つまり、0をふくむ十進記数法《じっしんきすうほう》による算用数字などをヨーロッパへ伝える役目をはたしました。さらに中国での発明とされる紙や印刷術《いんさつじゅつ》などを、インドを通じてヨーロッパに伝えました。アラビアの東西文化の交流にはたした役《やく》

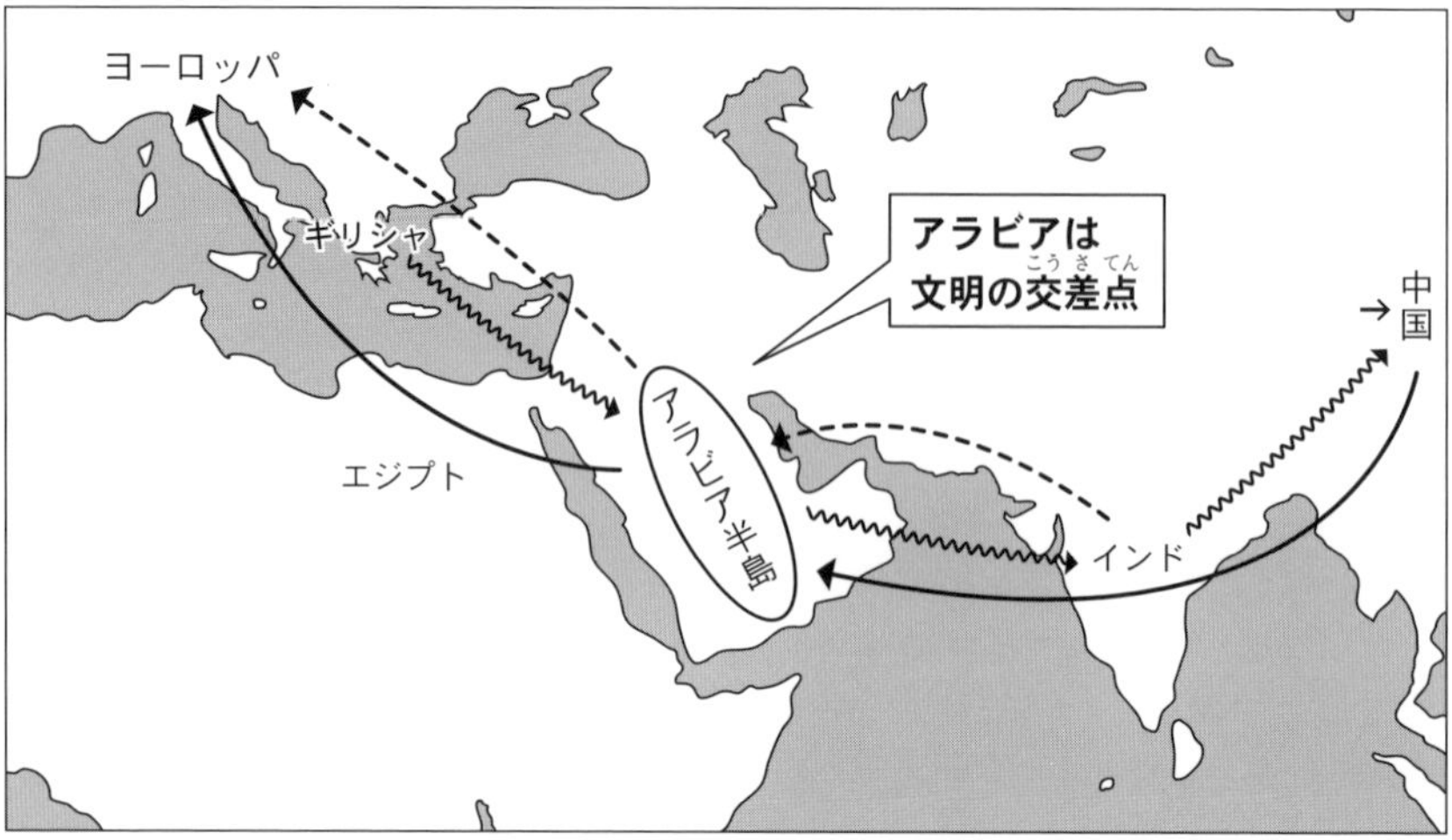

割《わり》はとても大きかったのです。
それだけでなく、アラビアは独自《どくじ》の数学もつくっていました。たとえばアル・フワリズミ（九世紀《せいき》ごろ）は代数式の形を変《か》えることにより、方程式《ほうていしき》を機械的《きかいてき》にとく方法《ほうほう》を見つけています。
十一世紀末からはじまった十字軍《じゅうじぐん》※の侵《しん》攻《こう》によって、インドやアラビアの東方文化がヨーロッパになだれこむようになりました。それにともなって、アラビアの著書《ちょしょ》やアラビア語に翻訳《ほんやく》されたギリシャの書物などもヨーロッパ各地《かくち》に広まっていき、伝《つた》えられた知識《ちしき》は近代科学の原動力となったのです。
このようにアラビアの数学も、数学の歴史《れきし》では無視《むし》できない存在《そんざい》になっています。

※ ヨーロッパのキリスト教徒《きょうと》によってつくられた軍隊《ぐんたい》。聖地《せいち》エルサレムをイスラム教の国から取りもどすことを目的《もくてき》とした。

式の右と左をいったりきたり

移項《いこう》

中学生になると、「移項」という手段《しゅだん》を使って方程式をとく方法を習います。移項というのは、「＝」や「＞」、「＜」などでつながれている二つの式の中の、－や＋のついている数や記号を、－や＋を変えて、反《はん》対側《たいがわ》の式にうつすことです。

たとえば、

2×□－2＝6

という式があったとき、左の－2の「－」を「＋」に変えて＝の右にうつす、つまり、

2×□＝6＋2

にする、という作業のことをいいます。

アル・フワリズミは、この移項を使うことで方程式が機械的にとけることを説明《せつめい》しました。移項のことをアル・フワリズミは「ジャブル」といっていますが、これは代数を表す英語《えいご》、アルジェブラ（algebra）の語源《ごげん》になっています。また算法《さんぽう》を表す英語、アルゴリズム（algorithm）はアル・フワリズミから派生《はせい》したともいわれています。

古代中国数学

中国の数学は和算に直接影響《ちょくせつえいきょう》をあたえた、とくに重要《じゅうよう》な存在《そんざい》です。たとえば、『九章算術《きゅうしょうさんじゅつ》』という書物があります。この書物は、紀元《きげん》一世紀《せいき》ごろに成立《せいりつ》したと考えられる数学の書籍《しょせき》です。タイトルのように九つの章からできています。その第八章は「方程《ほうてい》」となっていて、方程式のとき方が書かれています。日本語の「方程式」という用語は、『九章算術』の「方程章」からきているのです。この『九章算術』は、奈良《なら》時代（八世紀ころ）には日本に入ってきていました。

もう一つ和算にとって重要な書物があります。それは朱世傑《しゅせいけつ》（生没年不詳《せいぼつねんふしょう》）という人が書いた『算学啓蒙《さんがくけいもう》』（一二九九年）です。中国では古くから「算木《さんぎ》」とよばれる長さ数センチメートルの棒《ぼう》を使って計算をしていました

（口絵参照《さんしょう》）。この算木を用いて方程式をとく方法《ほうほう》を「天元術《てんげんじゅつ》」といいます。天元術は和算でもよく用いるのですが、これを日本に伝《つた》えたのが『算学啓蒙』でした。

ほかにも楊輝《ようき》（生没年不詳）が書いた『楊輝算法《ようきさんぽう》』（一三七八年）や程大位《ていだいい》（一五三三年？～？）の『算法統宗《さんぽうとうそう》』（一五九二年）が和算に影響《えいきょう》をあたえています。

日本の数学

エジプト、メソポタミアからはじまって、かけ足で世界数学の歴史《れきし》をながめてきましたが、やっと日本に着きました。ここからがこの本のメインテーマです。ここまでのお話で、地球上にはたくさんの文化があり、その文化にはそれぞれの数学が存在《そんざい》していた、ということを知っていただけたでしょうか。

和算も世界文化の中の一つである「日本」の数学なのです。

ではまず、奈良《なら》時代から和算が生まれるまでをながめてみることにします。

数学の役人

　わが国で記録《きろく》にのこるもっとも古い数学の資料《しりょう》は、奈良時代、七一八年にまとめられた養老令《ようろうれい》※1で、そこには中国・唐《とう》の制度《せいど》をまねて算博士《さんはかせ》二人、算生三十人をおくことが定められていました。また、数学の教科書として『九章算術《きゅうしょうさんじゅつ》』をはじめとする古代中国の書物が使われていました。算博士といっても実際《じっさい》に数学の研究をするのではなく、官職《かんしょく》の名前で、地位《ちい》はそれほど高くない事務《じむ》をとる役人でした。十二世紀以後《せいきいご》は三善家《みよしけ》と小槻家《おづきけ》の世襲制《せしゅうせい》※2となり、数学そのものの発展《はってん》には力になりませんでした。当時の日本はそれほど数学を必要《ひつよう》とする社会ではなかったため、江戸《えど》時代になるまでの約《やく》九百年間、数学の進歩は見られませんでした。

※1　役人の人数や仕事を定めた規則《きそく》で、「養老」はそのときの年号。つみに対するばつを定めた「律《りつ》」とあわせて発表され、使われた。
※2　地位や職業《しょくぎょう》を親から子、子から孫《まご》へと一族が代だいうけつぐこと。

おとなの人もいっしょにどうぞ

孫子算経《そんしさんけい》-1

養老令《ようろうれい》で大学寮《だいがくりょう》（役人を育成《いくせい》するところ）の制度《せいど》が定められ、『九章算術《きゅうしょうさんじゅつ》』『孫子算経』など、古代中国の数学の書物が教科書として定められていました。『九章算術』についてはすでにのべましたが、『孫子算経』（4～5世紀《せいき》）には和算に登場する問題が見られますので、いくつかしょうかいしましょう。

キジとウサギが合わせて35羽いる。足の数は全部で94本である。キジとウサギは何羽ですか。

これは「鶴亀算《つるかめざん》」という名前で知られている問題です。鶴亀算の起源《きげん》は『孫子算経』にまでさかのぼりますが、鶴と亀ではなくキジとウサギになっています。日本でも最初《さいしょ》はキジとウサギでしたが、江戸《えど》時代の和算家、坂部広胖《さかべこうはん》（1759年～ 1824年）が書いた『算法点竄指南録《さんぽうてんざんしなんろく》』（1815年）という本ではじめて鶴と亀になりました。それ以来《いらい》、同じような問題のことを「鶴亀算」というようになったのです。日本人には鶴と亀の方がなじみやすかったのでしょう。鶴は千年生き、亀は万年生きるといわれ、おめでたくえんぎがよい生き物の代表とされているからです。

この問題の答えはこの本のどこかに書かれていますよ。探《さが》してみましょう。

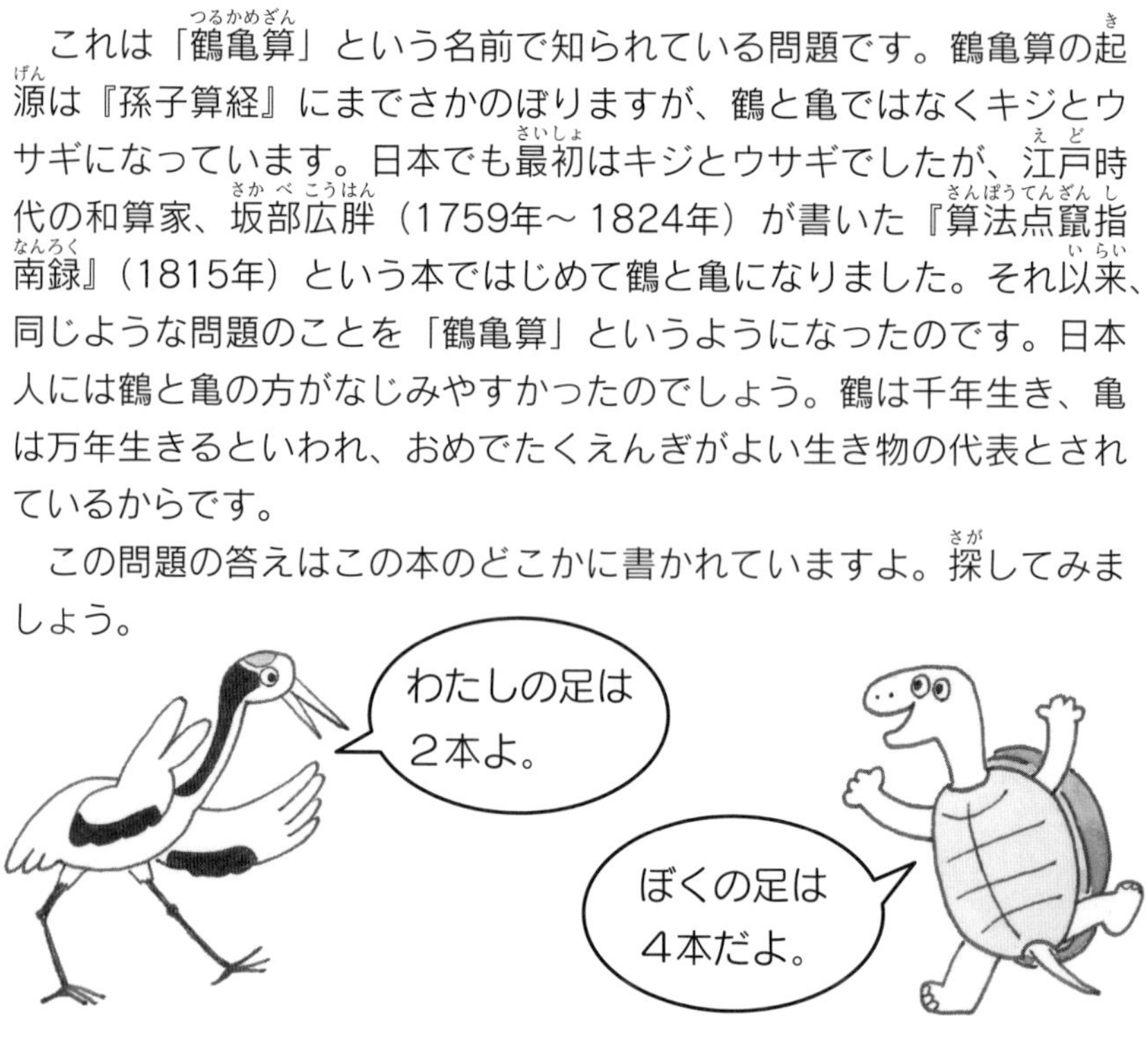

おとなの人もいっしょにどうぞ

孫子算経-2

> ある物が何個《なんこ》かある。それを３個ずつ数えると２個あまり、５個ずつ数えると３個あまり、７個ずつ数えると２個あまる。その物の数はいくらか。

これも和算では好《この》んで使われた問題で「百五減算《ひゃくごげんざん》」といいます。

実はこの問題は、ある決まった方法《ほうほう》で答えを出すことができます。それは、３でわったあまりを○、５でわったあまりを△、７でわったあまりを□として、○×70＋△×21＋□×15を計算し、その値《あたい》を105でわったあまりをもとめるのです。

この問題では○は２、△は３、□は２ですから、２×70＋３×21＋２×15という式になり、その値は233になります。233を105でわると「２あまり23」になりますね。このあまり「23」が上の問題の答えです。

105でわったあまりとは、いいかえると105を引けるだけ引いたのこりのことです。そのため百五減算（105をひく計算）という名前がついているのです。

「おやおや？　答えは23以外《いがい》にもあるのではないかな？」と思った方、その通りです。23以外の答えも見つけてみましょう。

くわしくは後ほど。

いくつあるのか
わからないもの
の数がわかる？

万葉集《まんようしゅう》の言葉あそび

みなさんもよく知っているかけ算の九九は、中国から輸入《ゆにゅう》されたもので、わが国でも古くから知られていました。奈良《なら》時代に成立《せいりつ》したとされる、日本で一番古い歌集『万葉集』には、すでに九九が登場しています。一つだけしょうかいしておきましょう。

若草乃《わかくさの》　新手枕乎《にいたまくらを》　巻始而《まきそめて》　夜哉将間《よをやへだてむ》　二八十一《にくく》　不在国《あらなくに》

意味：新婚《しんこん》の奥《おく》さんに腕枕《うでまくら》をしてもらってから、夜も昼も会いたくてたまらない。だってにくらしいわけではないんだもの。

この歌集ができたころは、まだひらがなやカタカナがなかったため、文字はすべて漢字で書かれていました。意味を表す漢字を使ったり、漢字の読み方だけを利用《りよう》したりしていたのですが、中におもしろい使い方をしているものがあります。

最後《さいご》から二つ目の「二八十一」という部分を見てください。八十一で「くく」と読ませているのです。数字のごろ合わせですね。

また、九九ではありませんがすごろくの数字を読んだものに、

一二の目のみにはあらず五六三四さへありけり双六《すごろく》のさえ

意味：すごろくのさいころには一や二だけでなく、五、六、三、四の目まであるんだよ。

このように日本人は昔から数字であそぶのが好《す》きでした。このようなことが和算の原動力の一つになっています。

徒然草《つれづれぐさ》に書かれた数学ゲーム

奈良《なら》時代以降《いこう》、数学はあまり発達《はったつ》しませんでしたが、日本人の数学好《ず》きは続《つづ》きます。とくに数学遊戯《ゆうぎ》がさかんでした。数学遊戯とは数学あそび、とでもいうような意味ですが、学問的《てき》なものではなく、単《たん》なる「ゲーム」です。ところが現代《げんだい》の目から見ると数学的に説明《せつめい》できるものがたくさんあります。

ただ、これらは記録《きろく》されたものがきわめて少なく、ほとんどが口伝《くでん》※1だったので、今となってはどんなゲームかわからなくなったものも少なくありません。その中でかろうじて現在《げんざい》までのこっているものに「ままこだて」があります。これは人気があったようで、いろいろな書物に登場しています。吉《よし》田兼好《だけんこう》（生没年不詳《せいぼつねんふしょう》）の『徒然草』にも「ままこだて」にふれた部分があります。

数えはじめが変《か》わるだけで取られる石ががらりと変わることを、兼好は世

おとなの人もいっしょにどうぞ

ままこだて

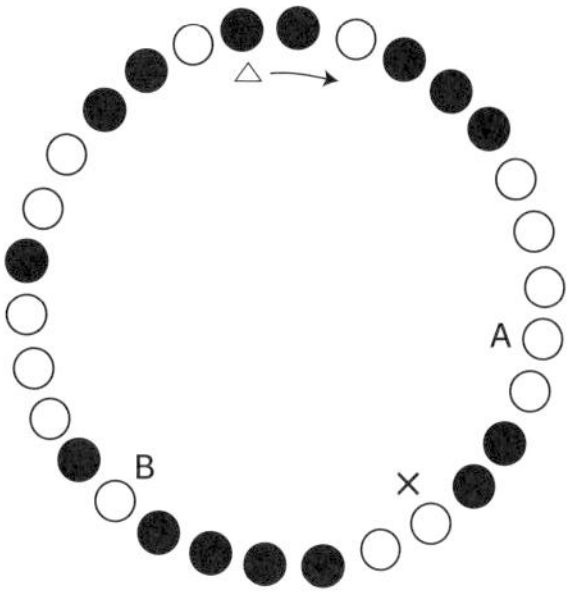

白石15個《こ》黒石15個を右の図のようにならべ、△の黒石から右へ一つずつ数え、10番目にあたる石（A）を取りのぞきます。次に同じく10番目にあたる石（B）を取りのぞきます。このように10番目を取りのぞくことを続けると白石ばかりがのぞかれ、最後《さいご》に×の白石がのこります。

白い石が×だけになったあと、今度は×より数えはじめ、10番目にあたる石（△）をのぞきます。同じように10番目ごとにのぞいていくと、今度は黒石ばかりがのぞかれ、最後に×の白石一つがのこります。数えはじめが変わると、のこる石の種類《しゅるい》ががらっと変わるというわけです。

『徒然草』以外《いがい》にも、このあそびについてふれたものに、鎌倉《かまくら》時代の百科事典《じてん》『二中歴《にちゅうれき》』（編者《へんじゃ》はわかっていません）があります。そこには、

後子立　二一三五二二四一一三一二二一
一説※云　一一三二一三二二三二

と数字だけが書かれています。「後子立」はままこだてのことで黒石、白石のならべ方をしめしています。はじめに黒石２個、次に白石１個、黒石３個……と続きます。「一説云」は二組にわかれた20人の人をならべ、10番目ごとにあたった人をはずしていくというあそびです。右に図をのせてみたので、ためしてみましょう。

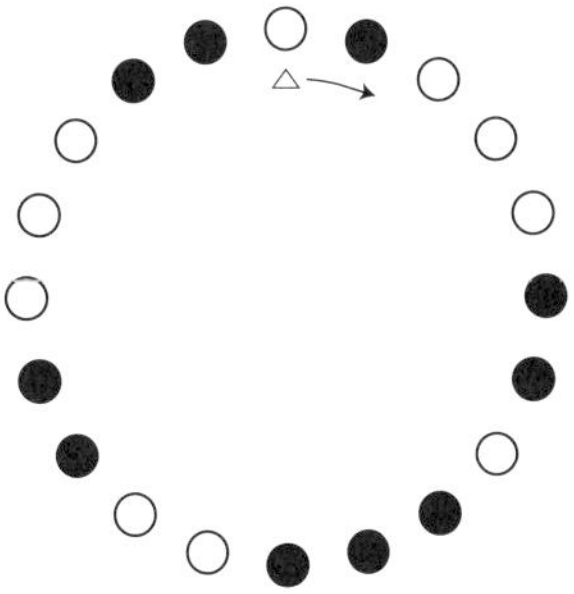

※「ほかの問題をしょうかいすると……」というような意味。

の無常観《むじょうかん》※2にたとえて『徒然草《つれづれぐさ》』に書いたのです。

後に江戸《えど》時代になって、関孝和《せきたかかず》という有名な和算家が、ままこだての数学的《てき》なりくつを『算脱之法《さんだつのほう》』という書物で研究しています。

なお、ままこだてにはいろいろなバージョンがあります。ヨーロッパにも古くから同じようなあそびがあり、「ヨセフスの問題」とよばれています。

※1　人から人へ言い伝《つた》えること

※2　世の中のうつり変《か》わりにはさだめがないと考える考え方

第二章　和算のたんじょうと発《はつ》展《てん》

実は、世界的に見ても、日本での数学の発展のし方はとてもユニークなものでした。
では、それはどのようなものだったかをしょうかいします。

奈良《なら》時代（七一〇年〜七九四年）から室町《むろまち》時代（一三三六年〜一五七三年）までの日本で、数学がどのように学ばれたり、使われたりしていたかはあまりわかっていません。室町時代に明《みん》（現在《げんざい》の中国）との貿易《ぼうえき》がさかんになり、わが国にそろばんが入りましたが、算書（数学の本）が入ったというしるしは文禄《ぶんろく》、慶長《けいちょう》ごろ（十六世紀末《せいきすえ》から十七世紀はじめ）の文献《ぶんけん》からは見あたりません。

和算のたんじょう

関ヶ原《せきがはら》の戦《たたか》い※1（一六〇〇年）も終わり、世の中が平和になると、人びとは、これからは戦争《せんそう》ではなく経済《けいざい》の時代になると考え、計算が重要《じゅうよう》になると見ぬいていたようで、そろばん塾《じゅく》などがはんじょうしはじめます。古くからある九九とそろばんを結《むす》びつけた計算マニュアル（手引き）が出版《しゅっぱん》されて多くの人びとに読まれるなど、このころから明治維新《めいじいしん》（一八六八年ころ）までの間に、日本の数学は急速に独自《どくじ》の発展《はってん》をします。とくに、この時期の数学を「和算」とよびます。

そんな中で一番人気があった塾は京都の毛利重能《もうりしげよし》という人の塾で、〈割算《わりざん》天下一〉のキャッチコピーで多くの塾生を集めていました。毛利は元和《げんな》八年（一六二二年）に『割算書』というテキストを書き、よく売れて、彼《かれ》の名声はますます上がりました。『割算書《わりざんしょ》』はもっとも古い和算書の一つです。後に毛利《もうり》は「日本数学の祖《そ》※2」とまでよばれるようになり、多くの弟子《でし》を育てました。

その中の一人に吉田光由《よしだみつよし》（一五九八年～一六七二年）という人物がいました。彼《かれ》は中国の数学書『算法統宗《さんぽうとうそう》』を学び、これを日本人向けに改良《かいりょう》して、寛永《かんえい》四年（一六二七年）に『塵劫記《じんこうき》』という数学書を出版《しゅっぱん》します。この本は、教科書のように説明的《せつめいてき》な書き方ではなく、読み物風に書かれていて、「九九」の表、そろばんを使った計算方法《ほうほう》、生活の中でそれらを使いこなすための練習問題などがのせられました。このため『塵劫記』は多くの人たちから支持《しじ》されてベストセラーになり、和算の基礎《きそ》をきずきました。

改訂版《かいていばん》※3では絵を豊富《ほうふ》に入れ、読者を楽しませる「ねずみ算」「ままこだて」などのパズルのような問題も入れたため、『塵劫記』の評判《ひょうばん》はますます上がりました。「徒然草《つれづれぐさ》に書かれた数学ゲーム」（三十二ページ）でのべたように古くからあった「ままこだて」ですが、『塵劫記』にとり上げられてからさらに流行していったのです。『塵劫記』によって、本格的《ほんかくてき》な和算がたんじょうしたことになり、『塵劫記』といえば和算の代名詞《だいめいし》※4といわれるまでになりました。

※1 一六〇〇年に、美濃《みの》の国関ケ原《せきがはら》（現在《げんざい》の岐阜《ぎふ》県不破郡《ふわぐん》関ケ原町）で行われた戦《たたか》い。この戦いのあと、徳川家《とくがわいえ》康《やす》が江戸《えど》に幕府《ばくふ》を開いて国をひとつにまとめ、平和な時代がおとずれる。

※2 基礎をきずいた人のこと

※3 本などの内容《ないよう》を修正《しゅうせい》して、出版し直したもの。『塵劫記』には多くの改訂版がある。

※4 そのものごとを表している代表的なもののこと

和算の発展《はってん》

『塵劫記《じんこうき》』がベストセラーになり、いっぱんの人びとの数学的《てき》素養《そよう》※1はますます高まりました。一方で、ものを売り買いするしくみや日本の文化が発《はっ》達《たつ》するにつれて、お金の計算以外《いがい》に、測量《そくりょう》・天文※2・暦学《れきがく》※3などにも必要《ひつよう》とされて和算が発展し、専門家《せんもんか》もあらわれるようになりました。ヨーロッパでも、自然《しぜん》科学※4で必要だったために数学は発展していったのですが、和算はやがて科学からはなれ、遊芸的《ゆうげいてき》※5になっていきました。しかしそのことが和算の特徴《とくちょう》であり、日本独特《どくとく》の数学文化といわれる理由でもあるのです。

和算は世界的にみとめられた数学者・関孝和《せきたかかず》（一六四〇年？～一七〇八年）を生み、専門書も多数出版《しゅっぱん》されましたが、一方で、いっぱんの人びとだれもがわかるやさしい読み物や、楽しみのための算術書《さんじゅつしょ》などにも人気が集まっていました。専門の算師《さんし》（数学者）からいっぱん庶民《しょみん》にいたるまで算術が親しまれ、ヨーロッパなどには見られない独自《どくじ》の和算文化を形成《けいせい》していたのです。

専門的な和算書の中にはヨーロッパよりも早く発見された数学の公式もあり、現在《げんざい》の高校や大学で学ぶようなレベルにまで到達《とうたつ》していました。今から何百年も前の日本で、数学がそんなに進んでいたとはおどろきですね。

他方、そろばんの計算法《けいさんほう》からはじまり身近な実用的算題を集めた、かなで書かれた初等《しょとう》教科書もたくさんつくられていました。

このように、一口に和算といっても相当な程度《ていど》の差《さ》があります。本書は小学生でも読めるように書いていますので、専門的和算書の内容《ないよう》にはふれられませんが、小学校で習う計算のしかたのはんいで答えられるものを中心に、もう少し具体的な内容を見てみることにしましょう。

※1　たしなみ。ふだんから勉強して身につけている技術《ぎじゅつ》や能力《のうりょく》など

※2　太陽や月、星の動きなどのこと

※3　太陽や月を観察《かんさつ》して、こよみをつくること

※4　自然現象《しぜんげんしょう》のしくみをとき明かす学問

※5　あそびや楽しみのためにする芸事《げいごと》。歌やおどり、茶道や華道《かどう》など

お金の計算

和算が発展《はってん》した理由のおおもとには、日本人が〈読み・書き・そろばん〉が得意《とくい》であったことがあると思います。和算のいっぱん向けの読み物には必《かなら》ず、次の図のようなそろばんによるかけ算、わり算の方法《ほうほう》が書かれています。これは天保《てんぽう》二年（一八三一年）に書かれた『算法稽古図会大成《さんぽうけいこずえたいせい》』という『塵劫記《じんこうき》』の流れをうけつぐ和算書で、初歩的《しょほてき》な和算を知るにはよいテキストです。この本にある問題からいくつかを解説《かいせつ》しましょう。

そろばんが使えるようになると、人びとは、次のようなお金の計算に関《かん》する問題にちょうせんしました。

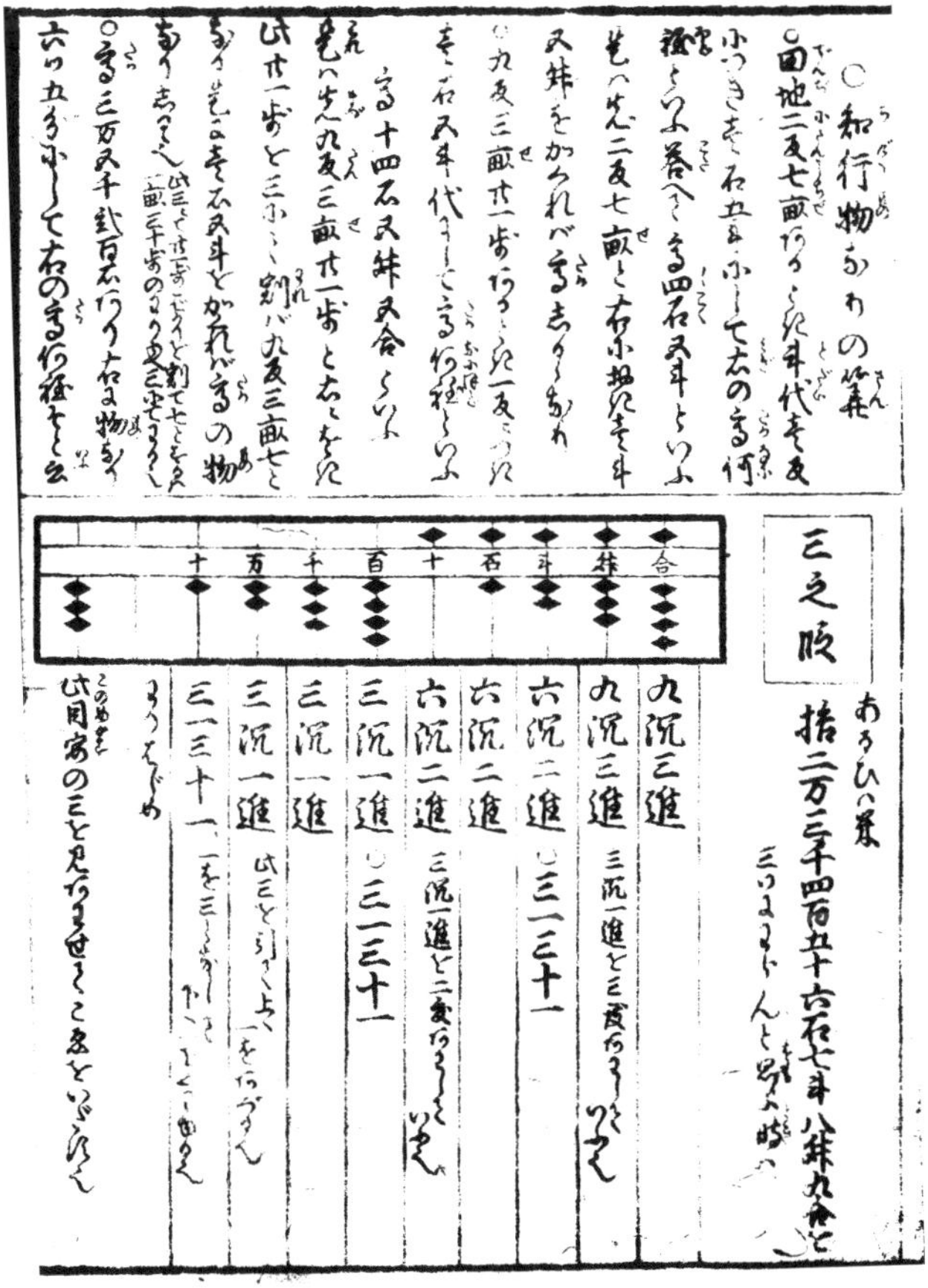

『算法稽古図会大成』のそろばん図

おとなの人もいっしょにどうぞ

お米の代金、どうはらう？

金１両で２石《こく》５斗《と》買える米がある。この米81石ではいくらになるか。

これをとくには、この時代のことがらについてのちしきが必要《ひつよう》です。当時は、米などの体積《たいせき》を石、斗などの単位《たんい》を使って表しました。１石＝10斗で、１斗は約18リットルです。金１両は、時代劇《げき》などで１両小判《こばん》として登場しますので知っている人もいるかもしれませんね。

さて、この米は２石５斗（2.5石）で１両ですので、81石では、

81÷2.5＝32.4両

となります。かんたんですね。しかし、答えはこれでよいのでしょうか。江戸《えど》時代にタイムスリップして、米屋でお金をはらうことを想像《そうぞう》してみてください。32両は１両小判32枚《まい》ですが、0.4両というお金はありません。これはどうやってはらうのでしょう。

そのことを考えるためには、江戸時代の貨幣制度《かへいせいど》を知らなければなりません。両よりも小さいお金の単位は分《ぶ》（歩《ぶ》とも書く）と朱《しゅ》で、１両＝４分、１分＝４朱です。１分金や１朱金は１cm×２cmくらいの長方形のコインです。

１分＝$\frac{1}{4}$両＝0.25両、１朱＝$\frac{1}{4}$分＝$\frac{1}{16}$両＝0.0625両

となります。

0.4両＝0.25両＋0.15両

なので、

0.4両＝１分＋0.15両

で、まだ0.15両のはしたの数（端数《はすう》）がでます。0.15両を朱に変《か》えると、

0.15＝２×0.0625＋0.025

なので、

0.15両＝２朱＋0.025両　です。

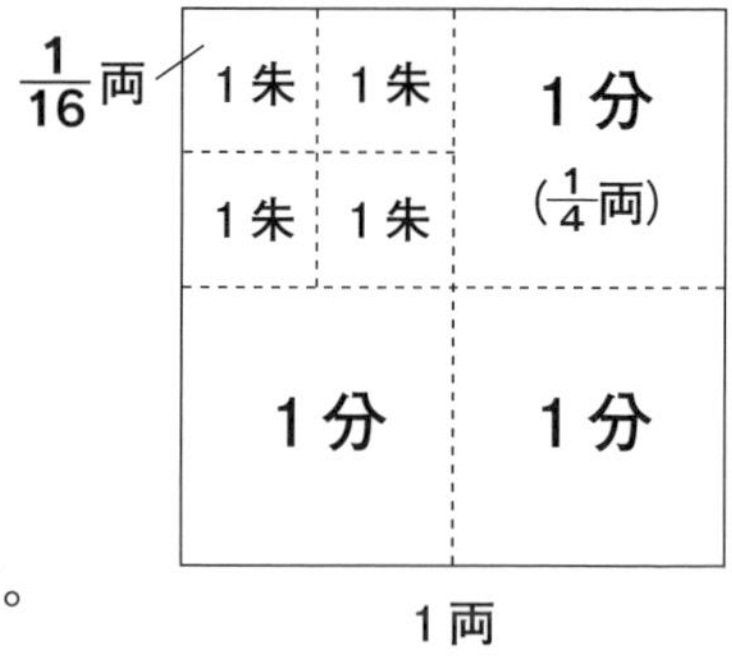

おとなの人もいっしょにどうぞ

（右ページのつづき）

さらに0.025両の端数が出ましたが、これではらうお金は、１両小判32枚、１分コイン１枚、１朱コイン２枚と0.025両ということがわかりました。

朱以下は銀ではらいます。実はこの問題には《１両は銀60匁《もんめ》※1とする》と書かれています。銀は重さではかります。１匁は3.75gです。銀、金は西日本と東日本でべつべつに流通していて、上方《かみがた》(現在《げんざい》の大《おお》阪《さか》) では銀貨《ぎんか》を、江戸（現在の東京）では金貨《きんか》を用いていました。それぞれにとり引きされていて、常《つね》に価《か》値《ち》が変動《へんどう》※2していました。この問題では１両＝銀60匁で計算せよ、と指定されています。したがって、0.025両を銀におきかえて計算すると、

60匁×0.025＝1.5匁

となります。銀は重さではかるので、細かい端数にも対応《たいおう》できる便《べん》利《り》な通貨《つうか》です。以上《いじょう》のことから、実際《じっさい》にはらうお金は１両小判32枚に１分コイン１枚、１朱コイン２枚と銀1.5匁ということになります。あるいは0.15両を銀に換算《かんさん》すると、

60×0.15＝９匁

だから、32両１分と銀９匁ではらってもよいのです。さらに上方なら銀が流通していたので、すべて銀で、

32.4×60＝1944匁

となります。

いやはや、米を買うにもたいへんな計算がいります。日本人がふだんからこのように複雑《ふくざつ》なお金の計算をしていたことが、和算が発展《はってん》した基礎《きそ》にあったのです。

※1　重さの単位

※2　そのとき、金や銀をほしい人がどれだけいるかによって、その価値が上がったり下がったりすること。多くの人がほしがれば価値が上がり、ほしがらなければ価値が下がる。

測量術《そくりょうじゅつ》（町見術《ちょうけんじゅつ》）

ヨーロッパでも日本でも、その土地の広さや地形を知ることは、国をまとめる基盤《きばん》となります。そして、それらを知るための測量術は、文化の基礎《きそ》になります。和算では測量術のことを町見術といいます。『算法稽古図会大成《さんぽうけいこずえたいせい》』からかんたんな町見術をしょうかいしましょう。

『算法稽古図会大成』の町見図

『算法稽古図会大成』（42ページ参照《さんしょう》）には、測量する人物として左の図のような絵があります。

おとなの人もいっしょにどうぞ

はなれて立っている人までのきょりをはかる方法《ほうほう》

小さな木片《もくへん》をもってうでをのばし、はなれて立っている人の身長を見てその長さをはかったところ、2.5cmでした。向こうの人の実際《じっさい》の身長を160cm、はかる人のうでの長さを60cmとします。ここでは、向こうの人が立っているところまでのきょりをx《エックス》として、比例《ひれい》で考えてみましょう。比例とは、「：」をはさんで一方が２倍になればもう一方も２倍に、一方が３倍になればもう一方も３倍になるような関係《かんけい》を表しています。この問題では、60と2.5の比《ひ》はxと160の比と同じなので、

$$60:2.5=x:160$$

と表します。比例の関係では、a《エー》：b《ビー》＝c《シー》：d《ディー》のとき、$a\times d=b\times c$となるので、ここでは、

$$60\times 160=2.5\times x$$

となり、移項《いこう》（23ページ参照《さんしょう》）を使って、

$$x=60\times 160\div 2.5=3840\text{cm}=38.4\text{m}$$

となります。

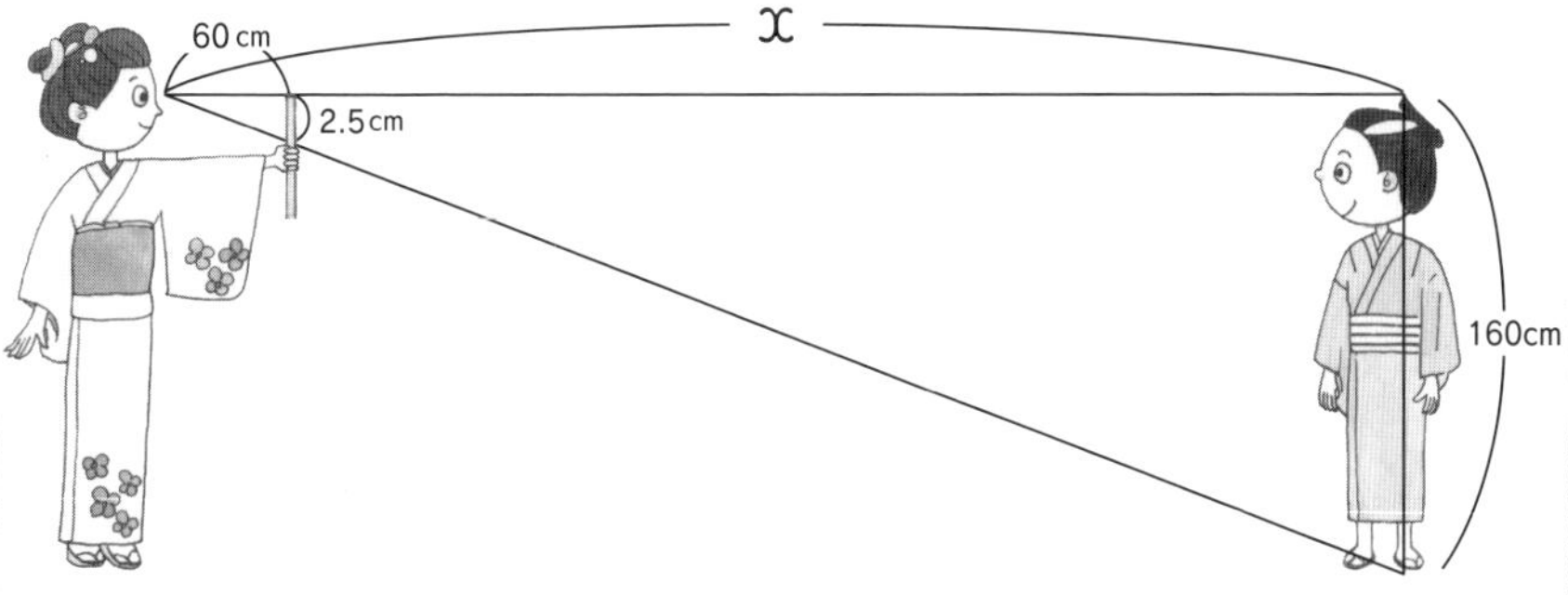

＊図の比率は実際とは異なります。

おとなの人もいっしょにどうぞ

板一枚《まい》できょりをはかる方法《ほうほう》

もう一つ、おもしろい答えの見つけ方が書かれています。まず次の問題のとき方を考えてみてください。

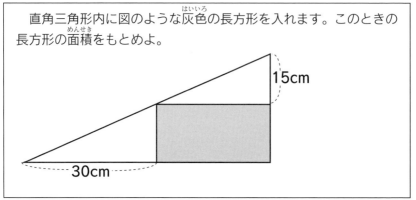

直角三角形内に図のような灰色《はいいろ》の長方形を入れます。このときの長方形の面積《めんせき》をもとめよ。

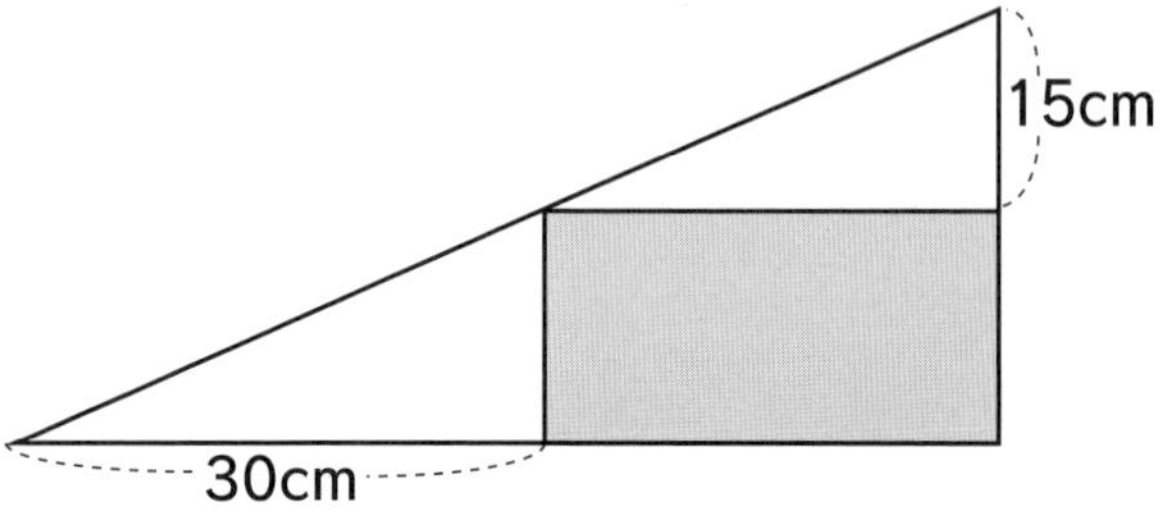

比例《ひれい》を使っても計算できますが、和算的《てき》な術《じゅつ》を一つしょうかいしましょう。下の図のように、もうひとつ長方形をつくると、灰色の上と下の長方形の面積は等しいので、

下の長方形の面積＝上の長方形の面積＝30×15＝450cm^2

ともとめることができます。

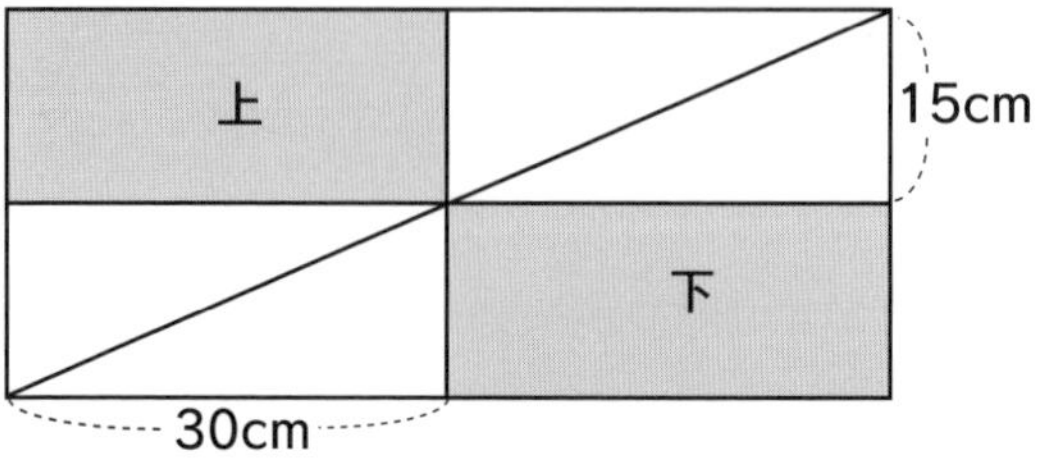

おとなの人もいっしょにどうぞ

(右ページのつづき)

右ページの方法を利用《りよう》して目的地《もくてきち》までのきょりをはかります。まず60cm×120cmの板を1枚《まい》用意し、下の図のようにA《エー》の位置《いち》に目があるとして、板の角B《ビー》を通って目的地C《シー》を見通します。このとき目の高さ(図のAD《ディー》の長さ) が1.6cmでした。このとき右ページの術により、♡×1.6＝板の面積だから、

♡＝60×120÷1.6＝4500
目的地までのきょり＝♡＋120＝4500＋120＝4620cm＝46.2m

ともとめられます。

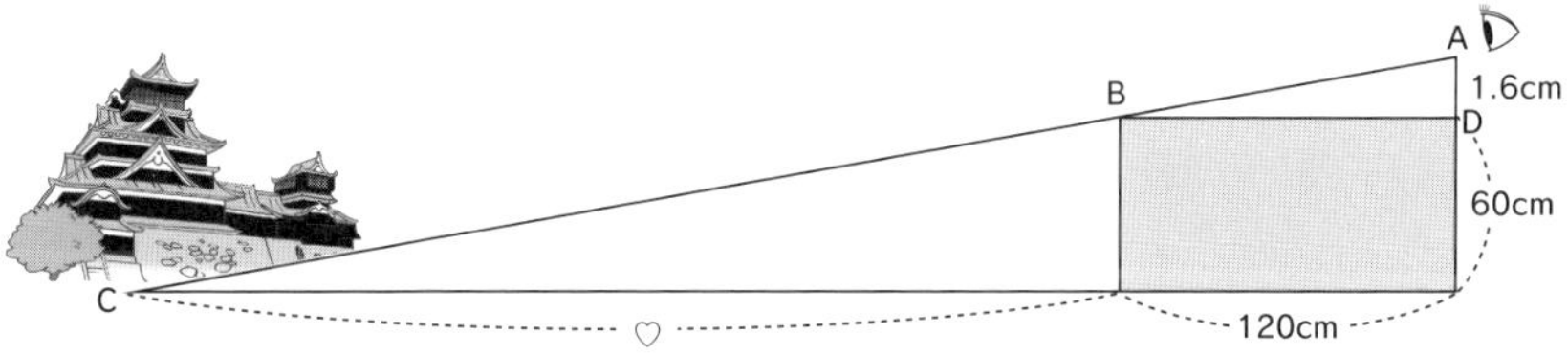

＊図の比率は実際とは異なります。

もちろん♡：60＝120：1.6という比例から♡をもとめることができますが、上に書いたような術の方がいかにも和算らしい方法で、和算の極意《ごくい》といえます。

勾《こう》股《こ》弦《げん》の術《じゅつ》

和算では、ピタゴラスの定理のことを〈勾股弦の術〉ということを前に書きました（十五ページ）。和算では直角三角形のことを〈勾股弦〉といいます。直角をはさんで短い方の辺《へん》を勾《こう》、長い方の辺を股《こ》、斜辺《しゃへん》を弦《げん》とよびます。だから、ピタゴラスの定理にならうと〈勾股弦の術〉とは、勾^2＋股^2＝弦^{2}という関係がなり立つということです。たとえば勾＝3、股＝4のとき、弦＝5であることがわかるのです。

勾^{2}とは、勾×勾という意味でしたね（十二ページ参照《さんしょう》）。また、正方形の面積《めんせき》のもとめ方は、一辺《いっぺん》の長さ×一辺の長さですので、勾^{2}は勾を一辺とする正方形の面積、股^{2}は股を一辺とする正方形の面積、弦^{2}は弦を一辺とする正方形の面積、ということになります。このように考えると、勾股弦の術とは、《勾を一辺とする正方形の面積と股を一辺とする正方形の面積を足したものが、

目で見てわかるピタゴラスの定理

ピタゴラスの定理＝〈勾股弦の術〉

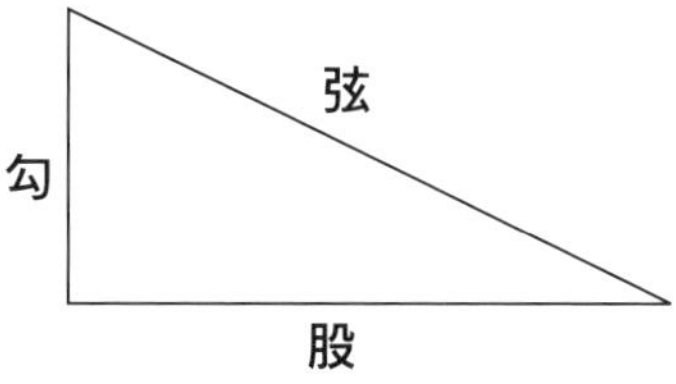

$$\text{勾}^2 + \text{股}^2 = \text{弦}^2$$

マス目の数を
数えると……

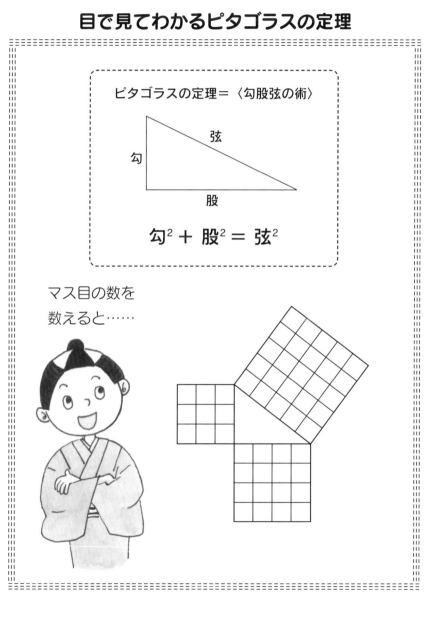

弦《げん》を一辺《いっぺん》とする正方形の面積《めんせき》に等しい》といえます。前ページの図でマス目を数えて確認《かくにん》してみてください。

では証明《しょうめい》をごらんいただきましょう。

おとなの人もいっしょにどうぞ

江戸版《えどばん》ピタゴラスの定理〈勾股弦《こうこげん》の術《じゅつ》〉－1

勾＝３、股＝４のとき、弦＝５となることは下の図からもわかります。BC《ビーシー》＝３、A《エー》C＝４の直角三角形ABCを４つ、図のようにならべてできる正方形ABEF《イーエフ》の面積は、直角三角形ABC（面積は、３×４÷２＝6）が４つと正方形D《ディー》CHG《エイチジー》（面積は、１×１＝1）が1つだから、

6×４＋１＝25

となります。だから正方形ABEFの一辺の長さAB＝5となるのです。

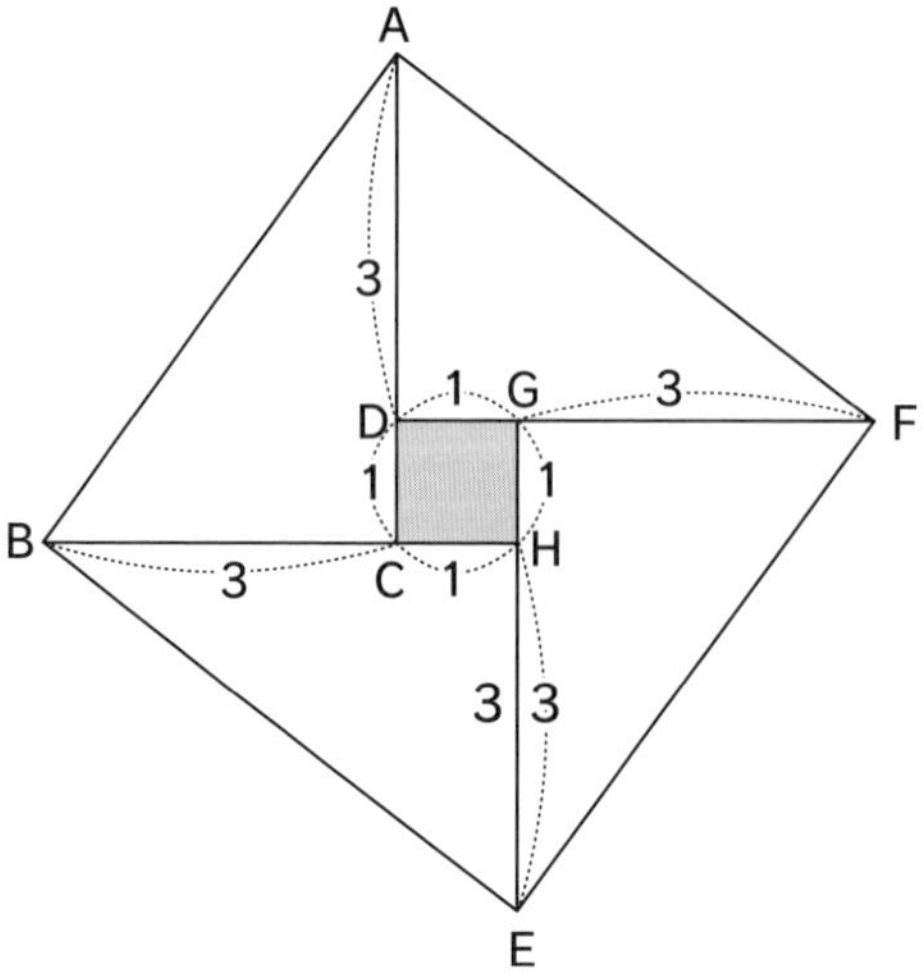

おとなの人もいっしょにどうぞ

江戸版ピタゴラスの定理〈勾股弦の術〉－２

右ページでは、一辺の長さがそれぞれ３、４、５の場合でしたが、ほかにも、いっぱん的《てき》な勾股弦の術の証明《しょうめい》のしかたとして、次のようなものがあります。

合同※な直角三角形を４つ（灰色《はいいろ》のもの）用意して、図のようにならべます。すると、

正方形ABIH《アイ》の面積＋正方形GIDEの面積＝正方形ACEFの面積

となります（なぜなら矢印《やじるし》のように直角三角形を移動《いどう》してみてください）。正方形ABIHの面積＝勾^2、正方形GIDEの面積＝股^2、正方形ACEFの面積＝弦^{2}だから、

$$勾^2 + 股^2 = 弦^2$$

となります。

和算ではこのように図形で説明《せつめい》することが多いです。勾股弦の術は和算発展《はってん》の基礎《きそ》になる重要《じゅうよう》な術だったのです。

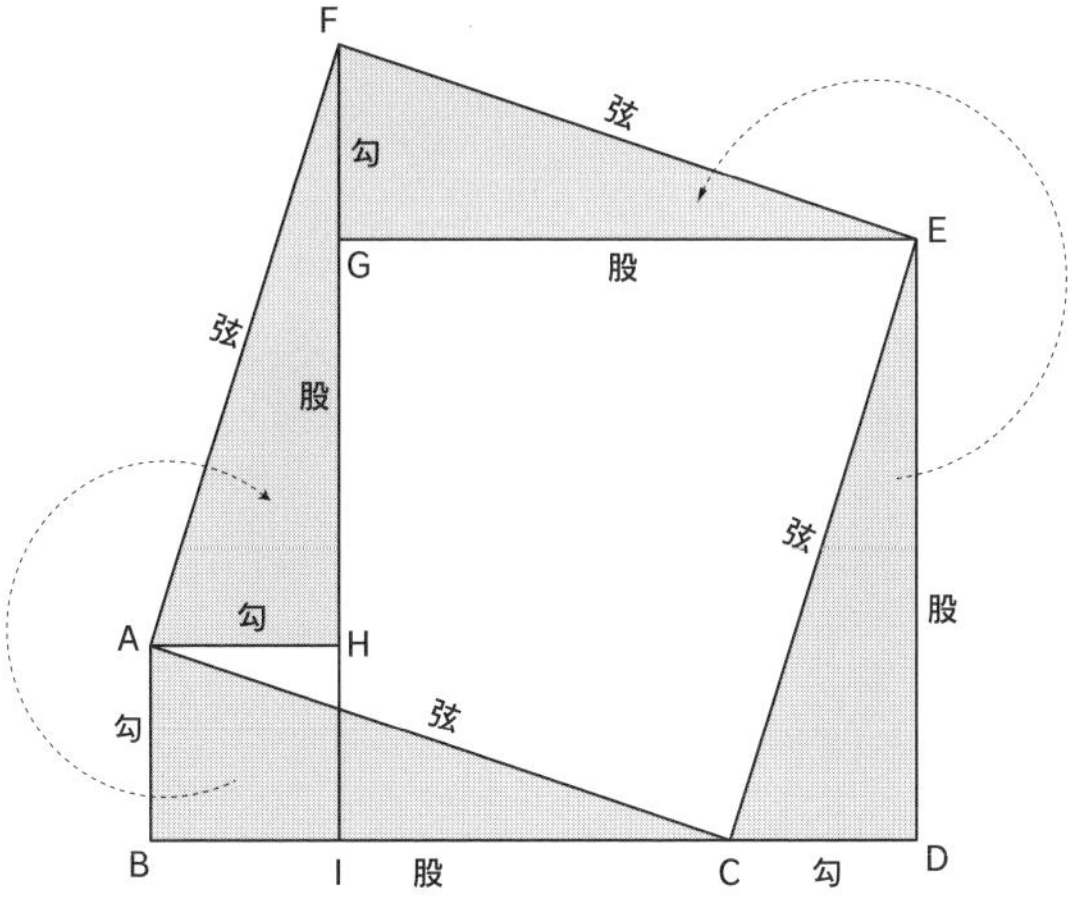

※　同じ形、同じ大きさの図形を合同な図形といいます。

開平術《かいへいじゅつ》

勾股弦《こうこげん》の術《じゅつ》が理解《りかい》できると、次は〈開平術〉とよばれるものがわかるようになります。これは、いわゆる平方根《へいほうこん》※の計算のことです。平方根は小学校では勉強しませんが、和算流に考えれば、小学校算数のはんい内の問題になります。まず左のページのような問題を考えてみましょう。

※　ある数x《エックス》を二乗《にじょう》してa《エー》になるとき、「xはaの平方根」という。

おとなの人もいっしょにどうぞ

正方形の面積《めんせき》がわかるときの、一辺《いっぺん》の長さのもとめ方

勾= 10cm、股= 24cm のとき弦の長さはいくらか。

勾股弦の術より、勾^2＋股^2＝弦^2 だから、

$$弦^2=10^2+24^2=100+576=676$$

となります。ここで、51ページの図を思い出すと、一辺の長さが弦である正方形の面積が676cm^{2}のとき、弦の長さがいくつなのかをもとめればよいということになります。このように、正方形の面積がわかっているときの一辺の長さを計算する方法《ほうほう》を〈開平術〉といいます。

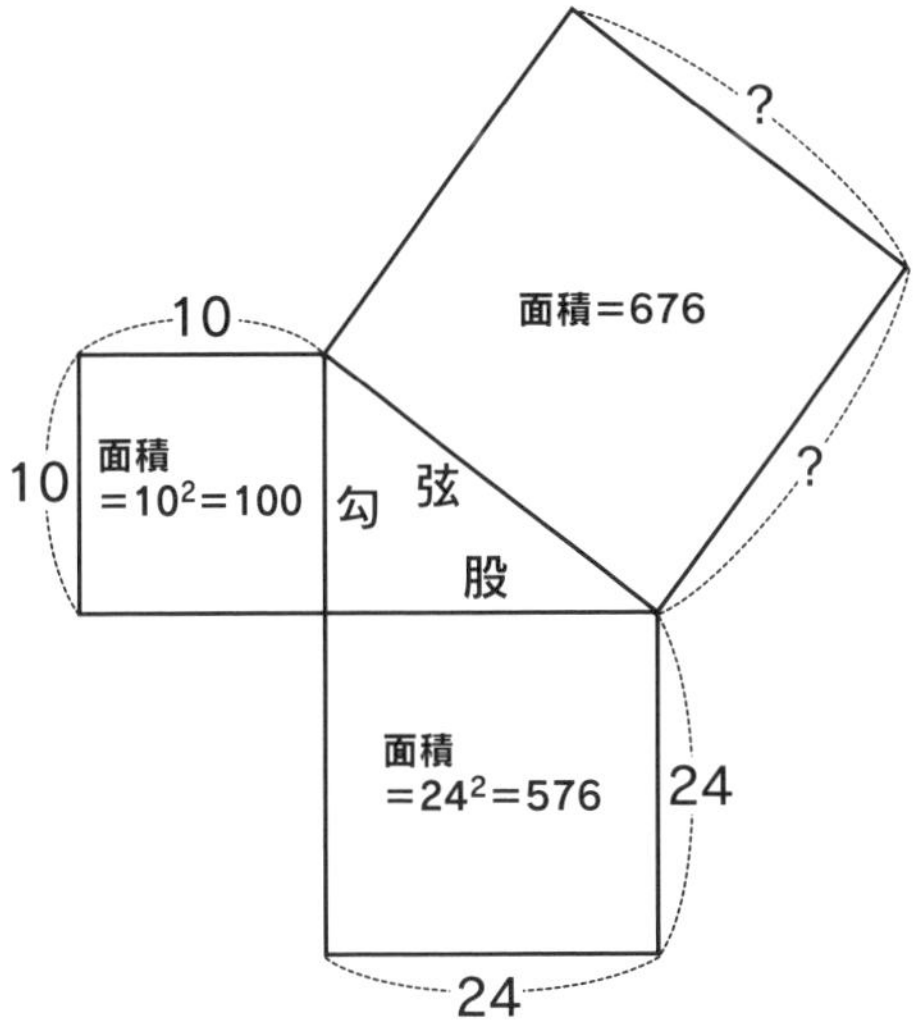

おとなの人もいっしょにどうぞ

正方形の面積《めんせき》がわかるときの、一辺《いっぺん》の長さのもとめ方

左のページの図を見てください。正方形ABCD《エービーシーディー》の面積が676のとき、一辺ADの長さをもとめましょう。まず、仮《かり》にADを20としましょう。すると、

20×20＝400

となるので、ADの長さは20より大きいことがわかります。そこで、Dから20の長さにE《イー》、G《ジー》という点を決め、一辺20の正方形DEF《エフ》Gを取りのぞくと、のこりはL《エル》字形ABCGFEで、その面積は、

676－400＝276

となります。そして、L字形ABCGFEの面積＝276となるように、AE（＝GC）を決めていきましょう。

このとき、EFとFGの長さがわかっています。長方形の面積＝長い辺《へん》×短い辺ですので、AEの長さを決めるために、L字形ABCGFEの面積276をEFとFGを足したものでわります。すると、

AE ≒[※1]L字形ABCGFE÷（EF＋FG）＝276÷40＝6.9

となるので、仮にAE＝6とします。このとき、

L字形ABCGFE＝長方形AHFE＋長方形FICG＋正方形HBIF
＝20×6＋20×6＋36＝276

となり、あまりはなくなりました。これで、もとめる一辺の長さAE＝6となりました。前ページの図にもどり、弦《げん》の長さをもとめると、

弦AD＝20＋6＝26cm

となります。

おとなの人もいっしょにどうぞ

（右ページのつづき）

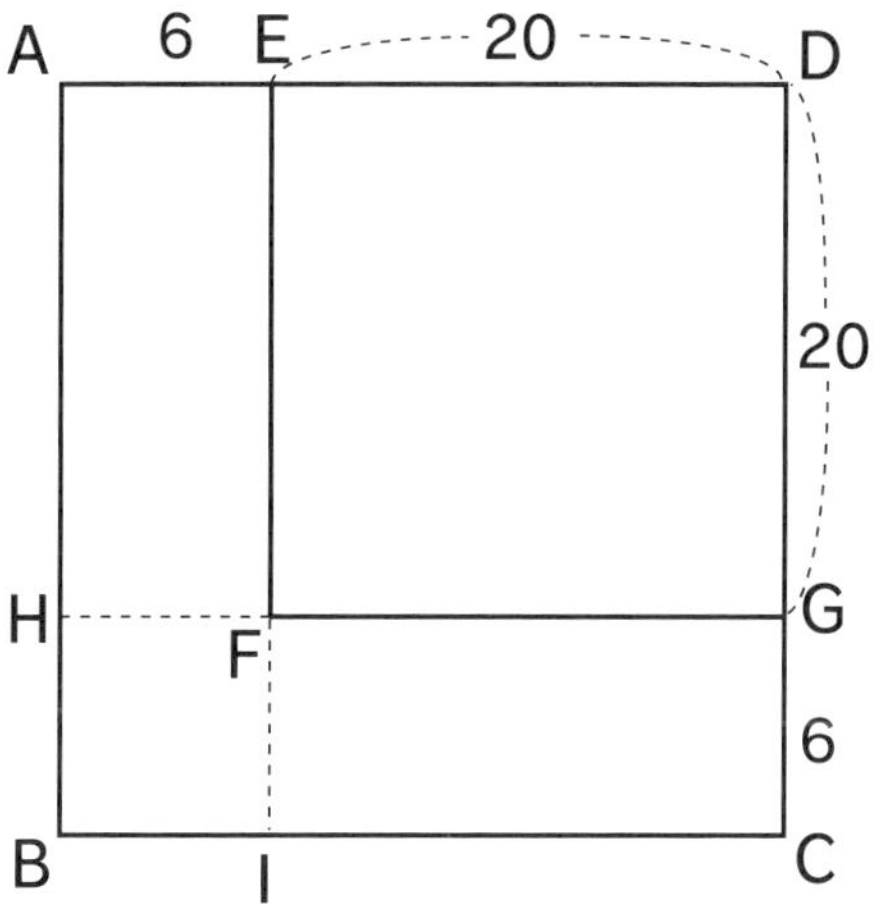

もし、わり切れずにまだあまりのL字形がのこれば、もう１回同じことをくり返します。必《かなら》ずわり切れるとはかぎりませんが、この方法《ほうほう》をくり返していくと、どこまでも正確《せいかく》な数値《すうち》に近づくことができます。

和算では、そろばんで加減乗除《かげんじょうじょ》※2ができるようになると、次にこの開平術《かいへいじゅつ》を習いました。

※1　「≒」は、この記号をはさんだ右側《みぎがわ》と左側が、ほぼ等しいことを表す記号。

※2　加減乗除とは、加法《かほう》（足し算）、減法《げんぽう》（引き算）、乗法《じょうほう》（かけ算）、除法《じょほう》（わり算）のこと。足し算の答えを「和」、引き算の答えを「差《さ》」、かけ算の答えを「積《せき》」、わり算の答えを「商」という。

円周率《えんしゅうりつ》

西洋でも日本でも、円周率を正確《せいかく》にもとめることは、数学者の大きな目的《もくてき》の一つでした。和算でも、多くの算師《さんし》が円周率にちょうせんしています。円周率とは、円周の長さが直径《ちょっけい》の長さの何倍になっているかをしめす数のことです。円周率を知っていれば、（直径や半径《はんけい》がわかっている）円の円周や面積を知ることができて、たいへん便利《べんり》です。

さて、円周率がおよそ3.14（円周は直径のおよそ3.14倍ということ）であることは古くから知られていましたが、その理由を日本で初《はじ》めて正しくしめしたのは、村松茂清《むらまつしげきよ》という和算家が一六六三年に書いた『算俎《さんそ》』という書物でした。その本の中で村松は、円周率を3.1415926と八けたまで正しくしめしました。これは円に内側《うちがわ》で接《せっ》する（内接《ないせつ》という）正三万二千七百六十八角形のまわりの長さを計算するというもので、わが国で初めて円周率の計算方法《ほうほう》をしめしたものでした。
そのもとめ方は次のようなものです。

おとなの人もいっしょにどうぞ

円周率のもとめ方

いま直径１の円の内側に、一辺《いっぺん》が甲《こう》の正方形を書くと、勾股弦《こうこげん》の術《じゅつ》により、甲^2＋甲^2＝１^{2}となることから、甲＝$\frac{1}{\sqrt{2}}$＝0.70710... であることがわかっています。円弧《えんこ》※1 BC《ビーシー》の中点A《エー》から直径AF《エフ》を引くと、

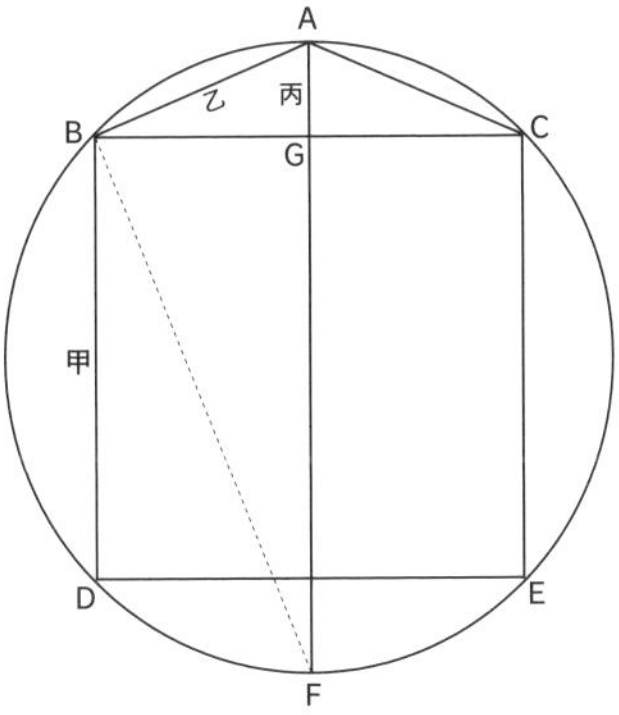

AG《ジー》＝丙《へい》＝$\frac{1}{2}$（１－甲）＝0.14644 . . .

ところで、△ABGと△ABFの相似比《そうじひ》※2より、

乙《おつ》（△ABFの勾《こう》）：丙（△ABGの勾）

＝１（△ABFの弦《げん》）：乙（△ABGの弦）

だから、乙^2＝丙となり※3、さきほどの開平術《かいへいじゅつ》によって、

AB＝乙＝0.38268 . . .

となります。この乙は正八角形の一辺の長さで、この手続《てつづ》きをくり返していけば正十六角形、正三十二角形と倍々《ばいばい》の正多角形の一辺の長さが計算できます。

※１　円周の一部分のこと

※２　形を変《か》えずに大きくしたり小さくしたりした図を、「相似の図」という。相似比とは、相似の関係《かんけい》にある図の、それぞれに対応する部分の長さの比のこと。

※３　相似の図では、A：B＝C：Dであれば、A×D＝B×Cとなる。

おとなの人もいっしょにどうぞ

（前ページのつづき）

　$4\times2\times2\times2\times2\times2\times2\times2\times2\times2\times2\times2\times2\times2=32768$

　だから正32768角形の一辺《いっぺん》の長さがもとめられ、それを32768倍すれば正32768角形の周《しゅう》の長さになります。村松《むらまつ》がもとめたその値《あたい》は、

　$0.0000958737990959991 11\times32768=3.14159264877769886924 8$

　で、これは8けたまで正しい値でした。

　その後、関孝和《せきたかかず》は12けた、建部賢弘《たけべかたひろ》は40けたまでもとめています。そして松永良弼《まつながよしすけ》は、

$$\pi^{※1}=3+\frac{3\cdot1^2}{4\cdot2\cdot3}+\frac{3\cdot3^2}{4^2\cdot2\cdot3\cdot4\cdot5}+\frac{3\cdot3^2\cdot5^2\cdot7^2}{4^3\cdot2\cdot3\cdot4\cdot5\cdot6\cdot7\cdot8\cdot9}+\cdots$$

　という公式も導《みちび》いています（・は×のこと）。このように和算は円周《えんしゅう》率《りつ》を無限級数《むげんきゅうすう》※2で表示《ひょうじ》できるまでに発展《はってん》しました。

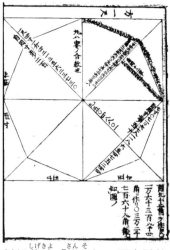

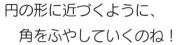

村松茂清《しげきよ》『算俎《さんそ》』円周率計算の部分

円の形に近づくように、
角をふやしていくのね！

※1　円周率をしめす記号。「パイ」と読む。

※2　無限にどこまでも続《つづ》く式のこと

おとなの人もいっしょにどうぞ

(右ページのつづき)

和算では円周率を分数で$\frac{22}{7}$や$\frac{355}{113}$などと表すことがよくあります。ほかには$\frac{103993}{33102}$というものもあります。このようにしてπに近づく分数をいくらでもつくることができます。

和算では「円径《えんけい》」というときは直径《ちょっけい》をさしますので、$\pi = 3.14$ として円の面積《めんせき》を直径で表すと、

円の面積 $= \pi \times$ 半径《はんけい》$^2 = \pi \times \left(\frac{直径}{2}\right)^2 = \frac{\pi}{4} \times 直径^2 = 0.785 \times 直径^2$

となります。これが江戸《えど》時代の円の面積をもとめる公式で、0.785を円積率《えんせきりつ》といいます。円の面積は直径を一辺とする正方形の0.785倍と覚《おぼ》えたのです。

円積率を使って計算してみよう

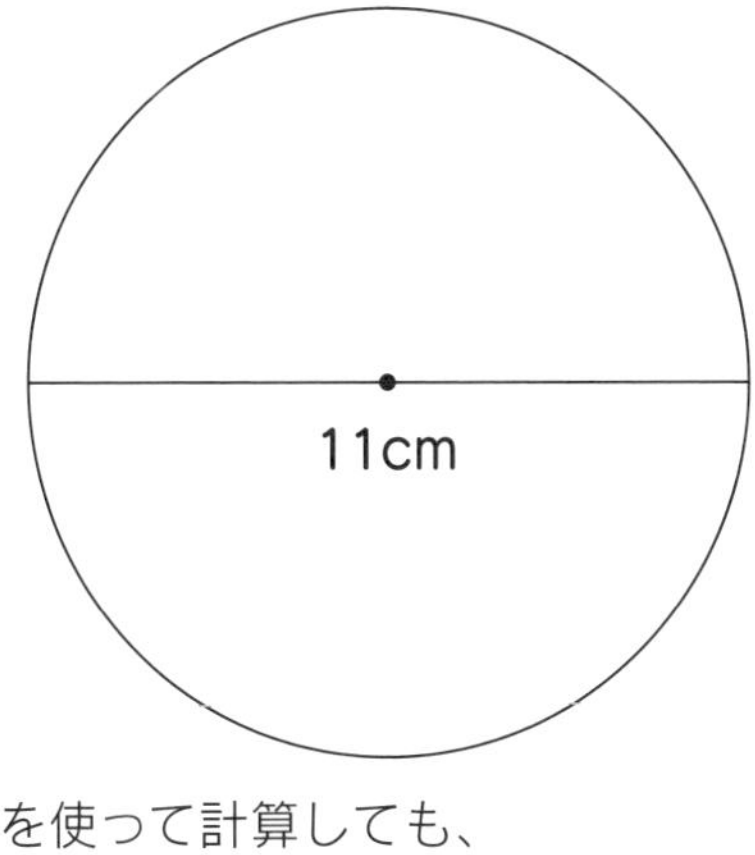

直径11cmの円の面積は、円積率を使うと、

0.785×11^2
$= \underline{\underline{94.985 cm^2}}$

となる。

πを使って計算しても、

$$\pi \times \left(\frac{11}{2}\right)^2 = 3.14 \times 5.5^2 = \underline{\underline{94.985}}$$

で、同じになります。

****

コラム　村松茂清《むらまつしげきよ》について

元禄《げんろく》14年（1701年）3月14日、播州赤穂藩《ばんしゅうあこうはん》※1 主《しゅ》の浅野《あさの》内匠頭長矩《たくみのかみながのり》が高家筆頭《ひっとう》※2 吉良上野介義央《きらこうずけのすけよしひさ》に対して、江戸城《えどじょう》の松《まつ》のろうかにおいて刃傷《にんじょう》※3 に及《およ》んだ。浅野はその日のうちに切腹《せっぷく》させられ、赤穂藩はとりつぶしとなった。江戸時代には、けんかがあったときには両方をばっするというきまりがあったのに、吉良にはおとがめなしとされたことに不満《ふまん》をもった赤穂の浪士《ろうし》※4 47人は、翌《よく》15年12月14日、主君のかたきをうとうと吉良邸《てい》にせめこみ、吉良上野介を殺《ころ》した。有名な「赤穂事件《じけん》」である。

この47人の中に村松喜兵衛秀直《きへえひでなお》と三太夫高直《さんだゆうたかなお》という親子がいた。喜兵衛の養父《ようふ》が村松茂清である。この事件は『忠臣蔵《ちゅうしんぐら》』としてテレビや映画《えいが》でもよくとり上げられるが、この和算とのエピソードにふれた作品はまだ見たことがない。なお、小説《しょうせつ》では鳴海風《なるみふう》著《ちょ》『和算忠臣蔵』（小学館、2001年）がある。興味《きょうみ》がある人は読んでみるとよいだろう。

円周率《えんしゅうりつ》の覚《おぼ》え方：

一番有名なごろ合わせをしょうかいする。

3《さん》.1《い》4《し》1《い》5《こ》9《く》2《に》6《む》5《こう》3《さん》5《ご》8《や》9《く》7《な》9《く》3《さん》2《ぷ》3《み》8《や》4《し》6《ろ》2《に》

（産医師異国に向こう産後厄なく産婦御社に）

****

※1　現在《げんざい》の兵庫県《ひょうごけん》南西部にあった藩。藩とは、江戸時代の大名の領地《りょうち》のこと。

※2　幕府《ばくふ》で儀式《ぎしき》や典礼《てんれい》をとり行う役職《やくしょく》の一番目の地位《ちい》の人

※3　刃物《はもの》で人をきずつけること

※4　仕える主君を失《うしな》った武士《ぶし》のこと

和算の特徴《とくちょう》

ここからは、和算を知る上で重要《じゅうよう》な三つの特徴である、〈遺題継承《いだいけいしょう》〉〈流派《りゅうは》〉〈算額《さんがく》〉について説明《せつめい》していきましょう。

遺題継承

日本人はそろばんができて、数を使ったあそびが好《す》きなので、『塵劫記《じんこうき》』と同様の書物が多数出版《しゅっぱん》されるようになりました。そこで吉田光由《よしだみつよし》は『塵劫記』を何度も改訂《かいてい》し、寛永《かんえい》十八年（一六四一年）版《ばん》では、巻末《かんまつ》に解答《かいとう》をつけない問題を十二問のせ、世の算師《さんし》に、「といてみよ」とちょうせんしました。このような問題を〈遺題〉といいます。その後、この遺題をといた人がまた自分で難問《なんもん》をつくって、答えをつけずに出版《しゅっぱん》するという風潮《ふうちょう》が流行しました。このように遺題《いだい》をリレー式にといていくことを〈遺題継承《けいしょう》〉といいます。吉《よし》田光由《だみつよし》は自分の本に遺題、つまり読者への問題を出した理由を、次のようにのべています。

最近《さいきん》、算術《さんじゅつ》の達人《たつじん》という人がふえてきたが、いっぱんの人は彼《かれ》らの実力を見分けがたい。ただ計算がはやければ上手というわけではない。そこで、算術の先生の実力を見極《みきわ》めるために、今ここに答えをのぞいた十二問を提出《ていしゅつ》する。算法《さんぽう》の達人ならば解答《かいとう》を公表してみよ。

『塵劫記《じんこうき》』の人気が上がるにしたがい、海賊版《かいぞくばん》※1やレベルの低《ひく》い塾《じゅく》も多くなってきたため、吉田はその対策《たいさく》としてこのような遺題をのせたのです。初《しょ》版《はん》を出版した寛永《かんえい》四年から十四年がたっていました。超《ちょう》ロングセラーですね。

この後も『塵劫記』をまねた亜流《ありゅう》※2本が出回り、『○○塵劫記』や『塵劫記××』といったものが四百種類《しゅるい》にものぼり、明治《めいじ》になるまで続《つづ》きました。

遺題継承の流れを少しだけ見てみることにしましょう。

塵劫記（一六四一年）─参両録《さんりょうろく》（一六五三年）─算法闕疑抄《けつぎしょう》（一六五九年）─童介抄《どうかいしょう》（一六六四年）─算法根源記《こんげんき》（一六六九年）─古今算法記（一六七一年）─発微《はつび》算法（一六七四年）

『塵劫記』の遺題をといたのが『参両録』で、その遺題をといたのが『算法闕疑抄』……と続きます。『算法闕疑抄』では百題の遺題が提出され、遺題継承はますますさかんになりました。『古今算法記』の遺題は〝チョー難問〟でしたが、関孝和《せきたかかず》がとき『発微算法』という本に発表しました。問題もむずかしかったのですが、関の解答も難解《なんかい》なものでした。そこで、関の弟子《でし》の建《たけ》部賢弘《べかたひろ》が『発微算法演段諺解《はつびさんぽうえんだんげんかい》』という解説本《かいせつぼん》を書いています。これにより、関孝和《せきたかかず》の考えが広く世に理解《りかい》されるようになり、関は、現在《げんざい》では世界的《てき》にみとめられた和算家の一人になっています。遺題継承《いだいけいしょう》はほかにもいろいろな流れがあり、和算発展《はってん》の一つの原動力となっていました。

ではここで、遺題継承の発端《ほったん》となった『塵劫記《じんこうき》』の遺題を一問しょうかいしましょう。この問題は、きちんととくためには高校で習う積分法《せきぶんほう》という問題のとき方が必要《ひつよう》な、相当な難問《なんもん》です。そのため、ここではとき方をしめすことはしませんが、どんな問題だったのかを知ってもらうために次のページでしょうかいします。

こうした難問でも、和算家は和算家なりの術《じゅつ》で近似的《きんじてき》※3なとき方を見つけているのです。

※1　つくった人の権利《けんり》を無視《むし》して、勝手に写しとったもの
※2　まねしただけで、新しさのないもの
※3　とても近いこと、似《に》ていること

遺題継承の問題って、どんなもの？

直径《ちょっけい》20の円の面積《めんせき》を100、100、116 の３つに分割《ぶんかつ》するとき、弦《げん》※の長さをもとめよ。

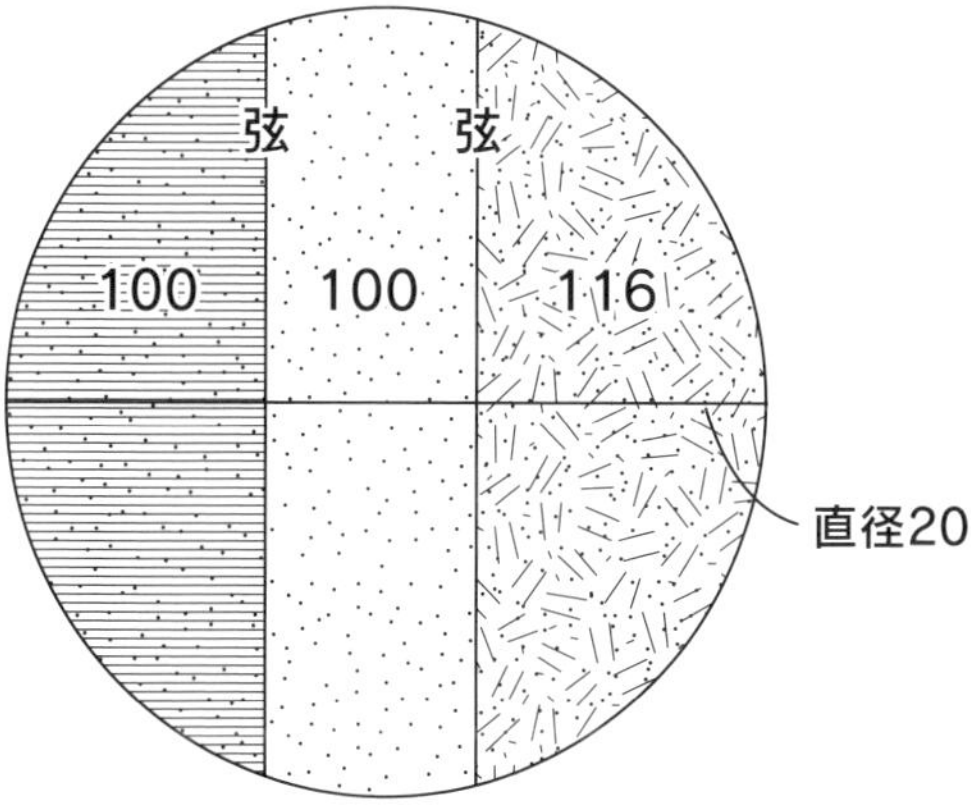

ところで、この問題は何か変《へん》ではありませんか。この円の半《はん》径《けい》は10なので面積は、

$10^2 \times 3.14 = 314$

です。しかし、分割した３つの面積の合計は、

$100 + 100 + 116 = 316$

で合いません。これはどうしたことでしょう。円周率《えんしゅうりつ》は3.14です。しかし、和算では3.16も使っていました。3.14が正しいことは知っていましたが、3.16も便利《べんり》なので、こちらを使うことも多かったのです。

※　円の上の２つの点を結《むす》ぶ線のこと

流派《りゅうは》※1

さきほど、和算は遊芸的《ゆうげいてき》であったと書きましたが、茶道や華道《かどう》のような芸《げい》事《ごと》の一種《いっしゅ》であったという一面もあったのです。現在《げんざい》でも芸事には流派がありますが、和算にも流派がありました。だれがやっても同じ答えになる数学なのに、流派があるというのはおかしいように思えるかもしれませんが、とき方や使用する記号を少し変《か》えて、流派と流派の間できそっていました。最大《さいだい》の流派は関孝和《せきたかかず》を師匠《ししょう》とする関流《せきりゅう》で、関流に対抗《たいこう》していたのが、会田《あいだ》安明《やすあき》（一七四七年〜一八一七年）の最上流《さいじょうりゅう》です。そのほか、中西《なかにし》流、宮城《みやぎ》流、宅間《たくま》流など、数えたらきりがありません。これら流派に関する最大のエピソードは関流と最上流の争《あらそ》いです。ちょっとだけしょうかいしておきましょう。

山形出身の会田安明が、当時の関流の先生であった藤田貞資《ふじたていし》（一七三四年〜一八〇七年）に入門させてほしいとねがい出たところ、「あなたが愛宕山《あたごやま》※2

に奉納《ほうのう》した算額《さんがく》（次の項《こう》でしょうかいします）に誤《あやま》りがある。それを訂正《ていせい》してからでないと入門させない」と言われました。この一言が会田のプライドをきずつけたため、以後《いご》、何かにつけ会田は藤田や関流に対して論争《ろんそう》をしかけ、この争いは二十年ほど続《つづ》きました。これを、藤田・会田の〈二田《にた》の争い〉と言い、その様子は多くの書物にのこされています。

塾《じゅく》に入って、算法《さんぽう》が上達《じょうたつ》すると、その流派の免許状《めんきょじょう》がもらえました。現在《げんざい》でも芸事などで免状をもらいますね。読者の中には、いろいろな免状をもっている人がいるでしょう。そろばん一級、しょうぎ初段《しょだん》、英検《えいけん》三級みたいな感じで、〈関流算法免許状〉といったものがありました。その意味からも、和算は芸事の一種と見なされていたようです。日本人はもともと流派とか派閥《はばつ》※3が好《す》きですので、和算に流派があってもふしぎではありませんが、免許制度《せいど》が確立《かくりつ》したのは関孝和の孫弟子《まごでし》にあたる、松永良弼《まつながよしすけ》（一六九二年？～

一七四四年）、山路主住《やまじぬしずみ》（一七〇四年〜一七七二年）のころからとされています。和算の免許状《めんきょじょう》はめずらしいと思うので、筆者所蔵《ひっしゃしょぞう》の最上流《さいじょうりゅう》免許状をお目にかけましょう（左ページ）。

※1　芸術《げいじゅつ》や技《わざ》などで、ちがった主義《しゅぎ》や方法《ほうほう》などをもつそれぞれの集団《しゅうだん》
※2　現在《げんざい》の東京都港区《とうきょうとみなとく》にある愛宕山《あたごやま》の愛宕神社
※3　組織《そしき》などの中で、意見や考え方などのちがいによってできる小さな集団

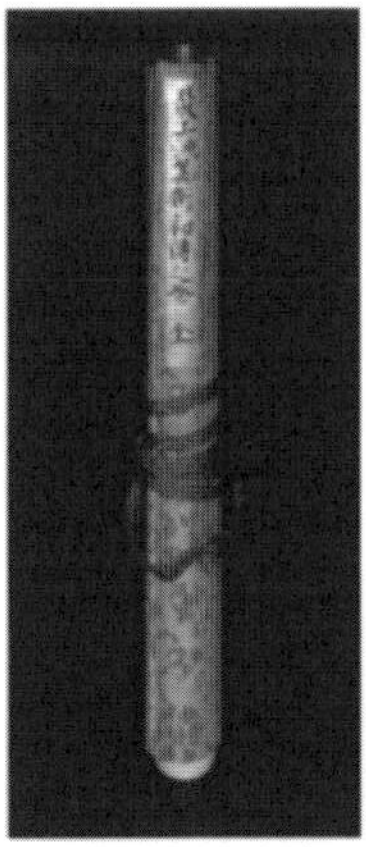

(a) 免許状巻物《まきもの》

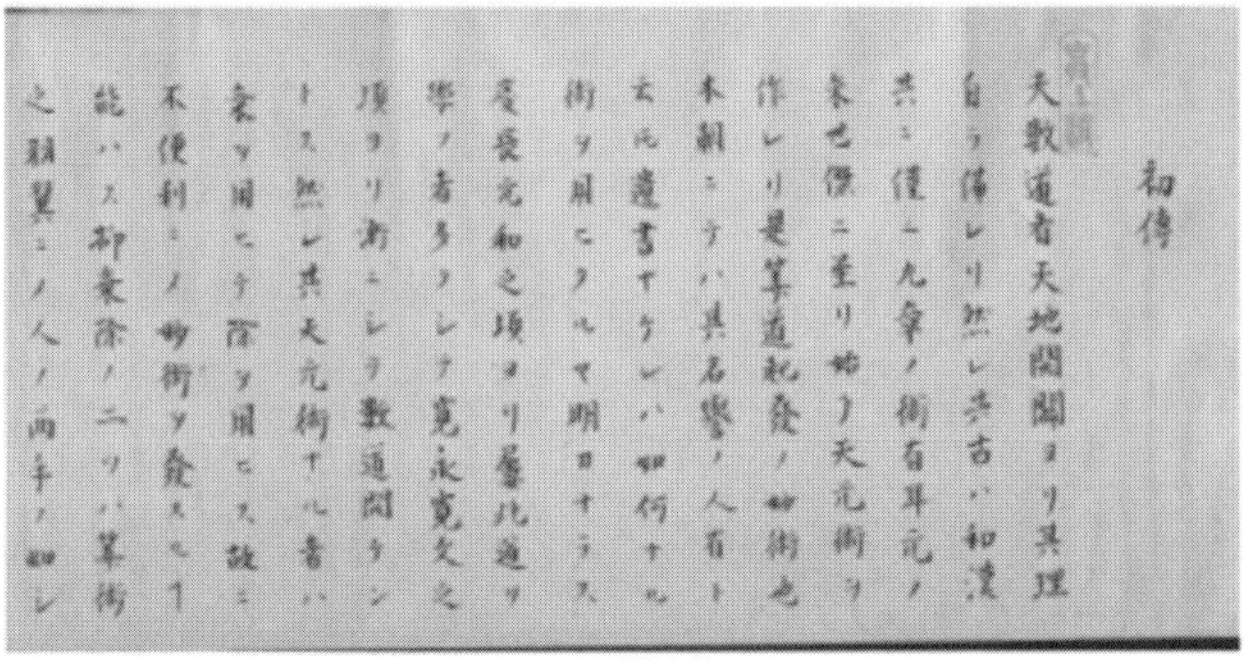

(b) 免許状冒頭《ぼうとう》の部分

「最上流算術初伝《さんじゅつしょでん》之《の》巻《まき》」文政《ぶんせい》9年（1826年）

算額《さんがく》

会田安明《あいだやすあき》がまちがいを指摘《してき》されたという〈算額〉とはなんでしょうか。みなさんは、絵馬を知っていますか。神様にねがい事をするときや、ねがい事がかなって神様にお礼をするときに、神社などにおさめる木の額《がく》のことです。〈合格祈願《ごうかくきがん》〉〈商売繁盛《しょうばいはんじょう》〉〈家内安全〉などと書いて奉納《ほうのう》※1します、受験《じゅけん》シーズンには〈合格祈願〉の絵馬が多いです。奈良《なら》時代の遺跡《いせき》からも絵馬が見つかっていますので、こうした風習は相当古くからあったことがわかります。馬は神聖《しんせい》なものとされていたので、最初は馬そのものを奉納していましたが、後には木で作った馬や絵に書いた馬をおさめるようになりました。さらに健康《けんこう》、安産《あんざん》、病気、祝祭《しゅくさい》などのねがい事を書いたものをいっぱんに絵馬とよぶようになり、神社だけでなくお寺にも奉納するようになりました。

和算の問題をといて、その問題や答えを絵馬にして、神社仏閣《ぶっかく》に奉納した

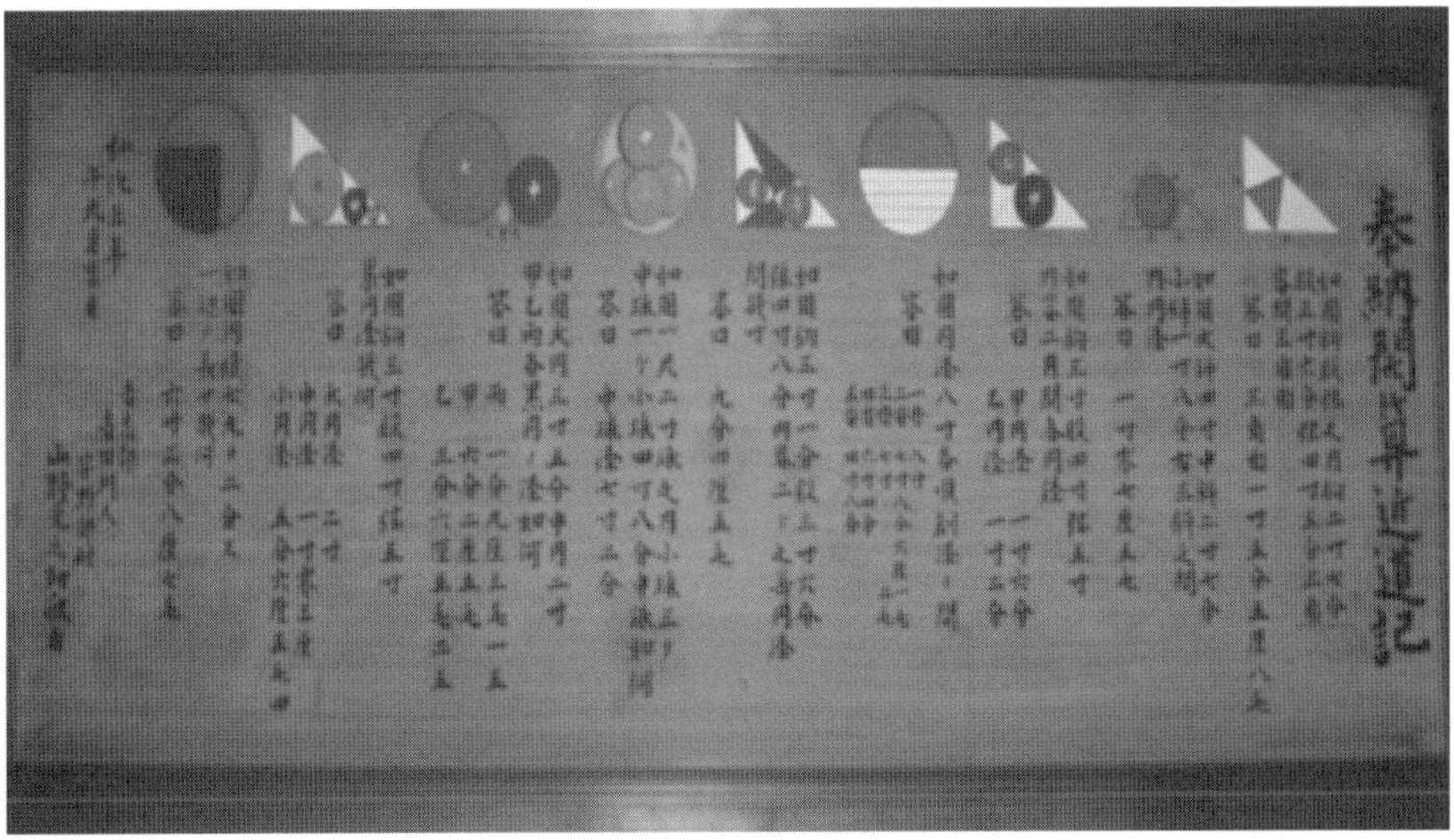

大阪府茨木市井於神社算額（弘化《こうか》３年奉納／昭和50年復元《ふくげん》）

ものを「算額」といいます。日本中で、現在《げんざい》九百面以上《いじょう》の算額が確認《かくにん》されています。神社やお寺に行ったとき、円や三角形の図形を書いた絵馬があれば、それが算額です。たとえば上の図は大阪《おおさか》府《ふ》茨木《いばらき》市《し》にある井於《いお》神社の算額です。

このような風習がいつごろからはじまったのかは定かではありませんが、江《え》戸《ど》中期の寛文《かんぶん》年間（十七世紀《せいき》中ごろ）といわれています。算額に関《かん》する一番古い記述《きじゅつ》は、村瀬義益《むらせよします》が一六七三年に書いた『算法勿憚改《さんぽうふつだんかい》』にある、次のような記事です。

最近《さいきん》あちこちの神社に算額《さんがく》をかけることが多い。絵馬ならばねがい事の文章があるべきだが、それがないときは数学じまんか、どういうことかよくわからない。よくできたので、師匠《ししょう》が奉納《ほうのう》を許《ゆる》したのか、無益《むえき》なこと（むだなこと）だ。

から口の批判《ひはん》ですが、このころには算額がもうすでにはやっていたことがわかります。算額は、もともとの絵馬のようにねがい事をかなえるためなどというよりも、村瀬《むらせ》が言うように数学じまんの要素《ようそ》が大きいかもしれません。一方で奉納理由がはっきり書かれているものもあります。大阪府枚方市意《おおさかふひらかたしお》賀美神社《かみ》の算額（一八六一年のもの）です。奉納者の岩田清庸《いわたせいよう》（一八一〇年～一八七〇年）は高名な和算家でしたが、《病気になり、枚方の地で療養《りょうよう》に努《つと》めていたが、幸い全快《ぜんかい》できた。これも神のおかげである。どのようにして感謝《かんしゃ》の意をあらわしてよいかわからないので、自分が日ごろから勉強している算法《さんぽう》の絵馬を掲《かか》げて、ほんの少しのお礼としたい》と算額に書いています。岩田清庸が病気全快を心からよろこんでいる様子が伝《つた》わってくる、たいへんめずらしい算額です。ふつう、算額には問題と答えしか書かれていませんが、このように奉納理由が書かれていることで、和算が身近に感じられることでしょう。

筆者《ひっしゃ》のインターネット・サイト「和算の館」※2では全国の算額を画像《がぞう》で見ることができます。算額は、だれでも直接《ちょくせつ》目にできますが、貴重《きちょう》な文化財《ぶんかざい》ですので、大切にしましょう。

※1　神様をよろこばせるために、価値《かち》のあるものを神社や寺に供《そな》えたり、その前でおどりをおどったりすること。

※2　http://www.wasan.jp/

おとなの人もいっしょにどうぞ

算額《さんがく》の問題を見てみましょう

井於《いお》神社算額には全部で９問の算題が書かれていますが、どんな問題なのでしょう。興味《きょうみ》がありますね。右から３番目の問題を見てみましょう。

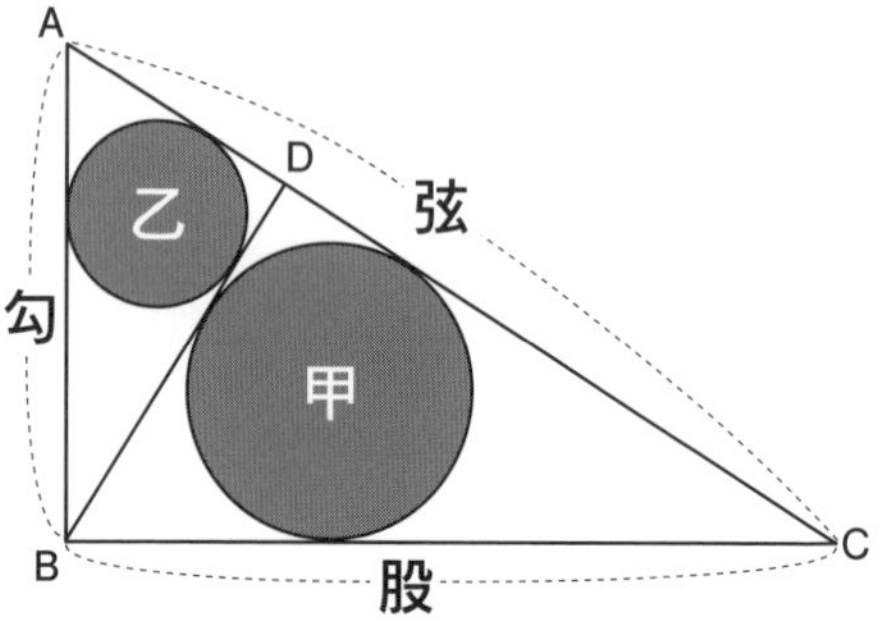

図のような勾《こう》３寸《すん》、股《こ》４寸、弦《げん》５寸の直角三角形があり、直角の頂点B《ちょうてんビー》から斜辺AC《しゃへんエーシー》に垂《すい》線《せん》※ BD《ディー》を書き、甲《こう》と乙《おつ》の円を入れます。このとき、甲の円と乙の円の直径《ちょっけい》はいくらか？

（とき方は、80ページにあります）

各辺《かくへん》の長さが３、４、５で直角三角形になること、和算ではピタゴラスの定理のことを〈勾股弦《こうこげん》の術《じゅつ》〉ということなどを以前《いぜん》にのべました（50ページ参照《さんしょう》）。直角三角形で、直角をはさむ２辺のうち短い方の辺を〈勾〉、長い方の辺を〈股〉、斜辺を〈弦〉ということも覚《おぼ》えていますか。〈寸〉とは長さの単位《たんい》で１寸は約《やく》３cmです。また円は現在《げんざい》では半径《はんけい》でいうことが多いですが、和算では直径でしめします。もう一つあまり見かけない文字〈甲〉や〈乙〉がありますね。これまでにも出てきたように、和算ではx《エックス》、y《ワイ》やa《エー》、b《ビー》などのアルファベットのかわりに甲、乙などの漢字を使います。よく使う漢字は次のような十《じっ》干《かん》・十二支《じゅうにし》というものです。

十干	甲《こう》	乙《おつ》	丙《へい》	丁《てい》	戊《ぼ》	己《き》	庚《こう》	辛《しん》	壬《じん》	癸《き》		
十二支	子《ね》	丑《うし》	寅《とら》	卯《う》	辰《たつ》	巳《み》	午《うま》	未《ひつじ》	申《さる》	酉《とり》	戌《いぬ》	亥《い》

※　直線（この図の場合はAC）と垂直《すいちょく》に交わる直線のこと

おとなの人もいっしょにどうぞ

（右ページのつづき）

十二支は干支《えと》としておなじみですね。2015年は未年ですが正しくは〈乙未《きのとひつじ》〉といいます。よく年は〈丙申《ひのえさる》〉です。そのほか、〈大中小〉や〈天地人〉などいろいろな漢字を使います。さて、本問は∠BDCが直角のとき、直角三角形BDCの中に入る甲円と直角三角形ABDの中に入る乙円の直径を寸を単位としてもとめよ、ということです。井於算額の中ではこれが小学校の算数のはんいでとけるものですが、いくつか準備《じゅんび》がいるので、後の章でまとめて解説《かいせつ》することにします。

このように和算は単に問題をとくだけではなく、いろいろなちしきが必要《ひつよう》になります。算数の問題をときながら、江戸《えど》時代の人びとのくらしぶりを勉強することもできるのです。そこが和算のおもしろさともいえるでしょう。

見返しの裁《た》ち合わせ問題の答え

問1：答え

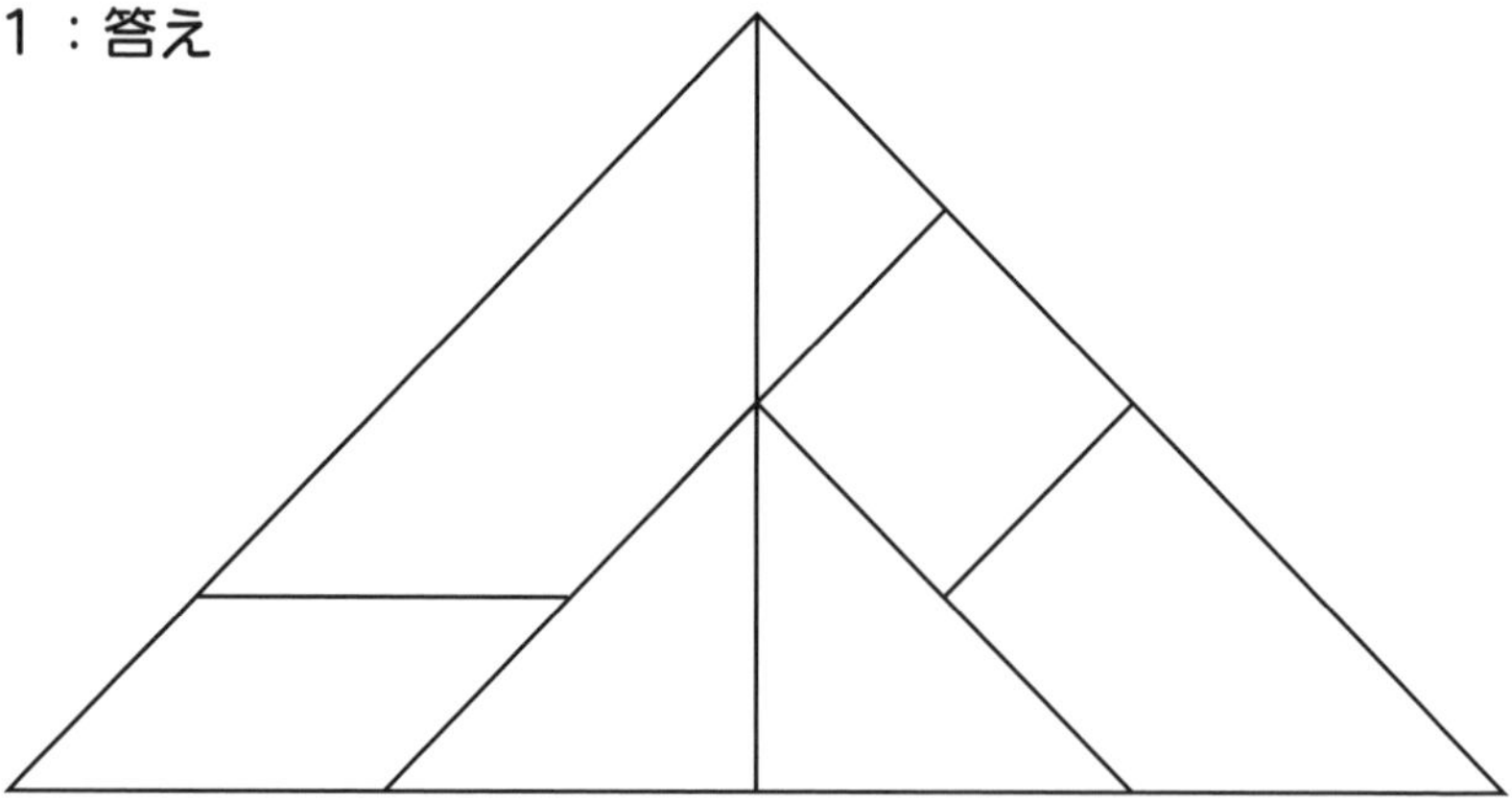

問2：答え　ここにしょうかいした以外《いがい》にも、答えがあるかも？

＊

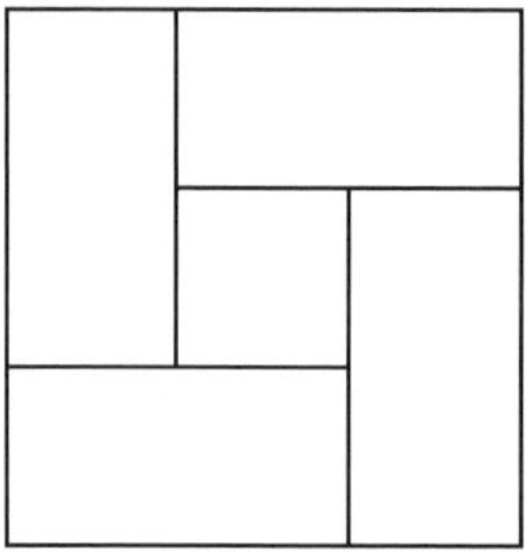

＊

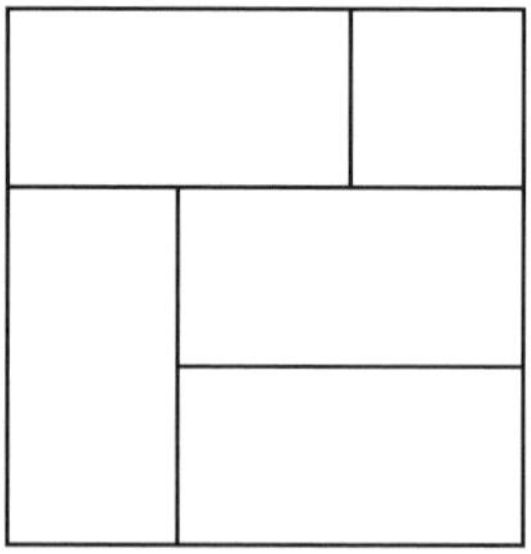

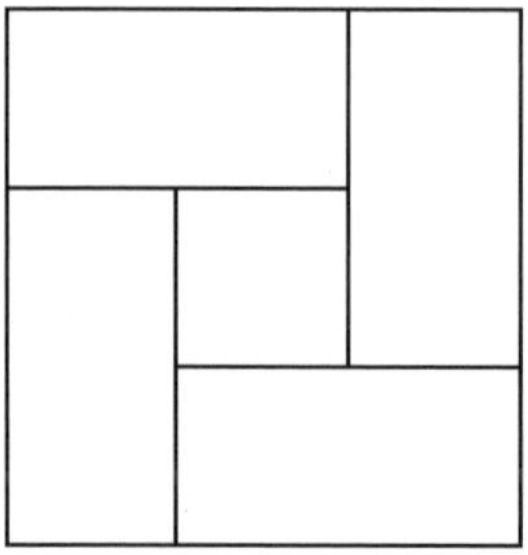

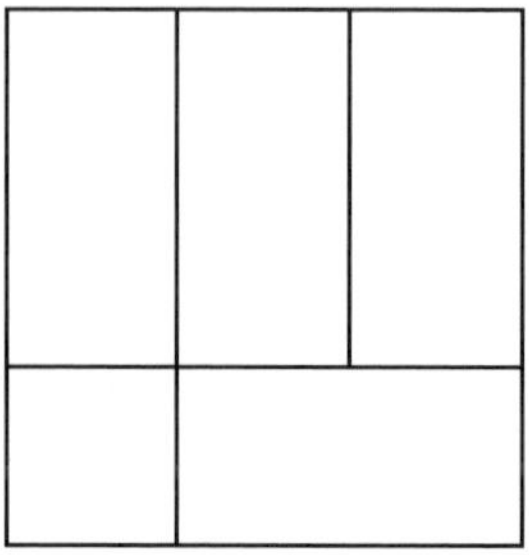

豆ちしき

＊マークのついたならべ方は、部屋にたたみをしくときに用いられるならべ方でもあります。このような部屋は、たたみの数から「四畳《じょう》半」といいます。みなさんの家にも、四畳半の部屋があるかな？

第三章　和算にチャレンジしてみよう

　ここからは、読者にも和算の問題にちょうせんしていただきましょう。すべて小学校の算数のはんい内でとけますが、現代《げんだい》ではあまり見かけないものもあるでしょう。

　さあ、江戸《えど》時代の人びとに負けないように、和算を楽しんでください。

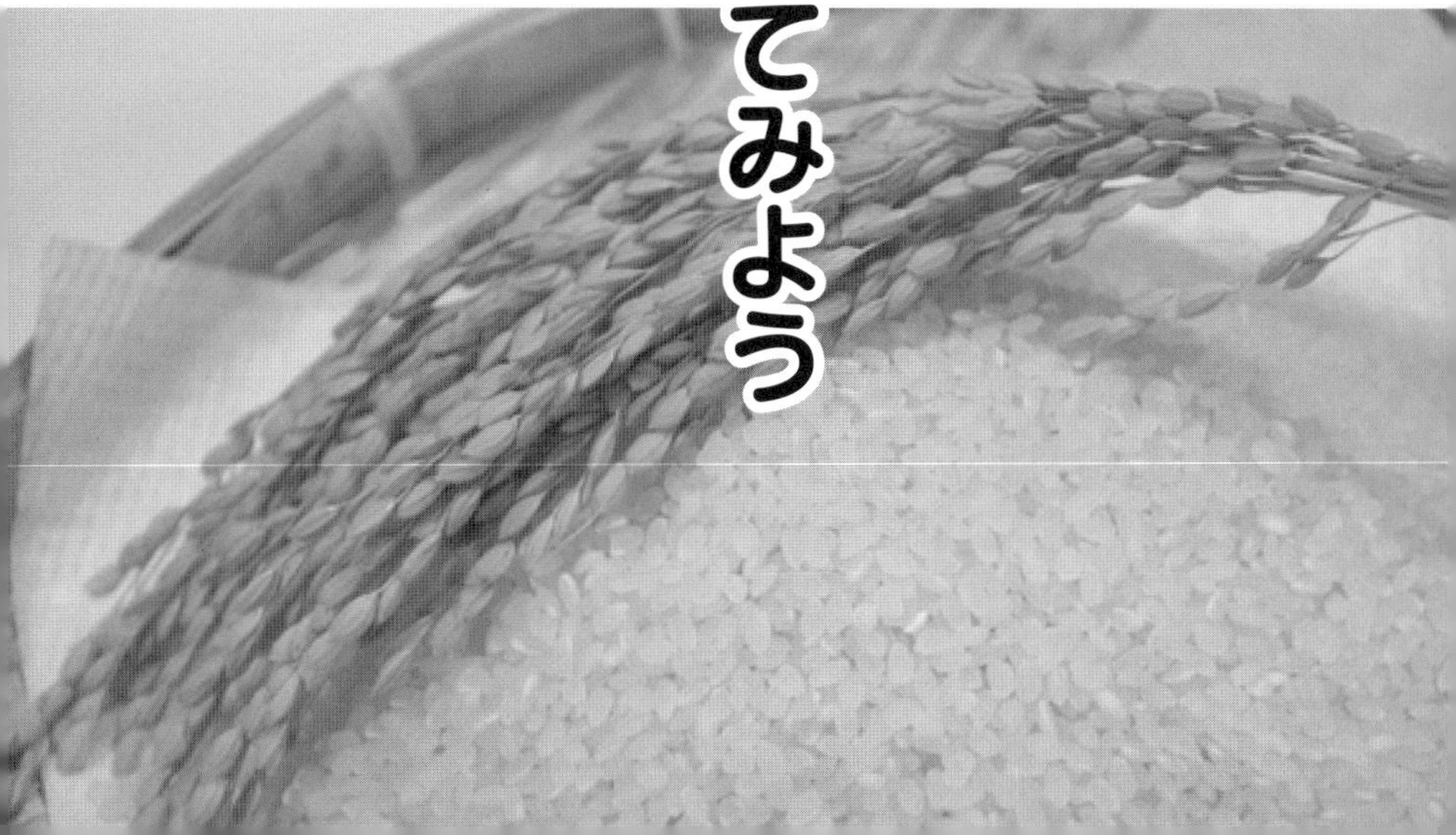

井《い》於《お》算《さん》額《がく》の問題

まずは、さきほどしょうかいした井於神社算額の問題です。

おとなの人もいっしょにどうぞ

図のような勾《こう》３寸《すん》、股《こ》４寸、弦《げん》５寸の直角三角形があり、直角の頂点B《ちょうてんビー》から斜辺AC《しゃへんエーシー》に垂線《すいせん》BD《ディー》を書き、甲《こう》と乙《おつ》の円を入れます。このとき、甲の円と乙の円の直径《ちょっけい》はいくらでしょうか？

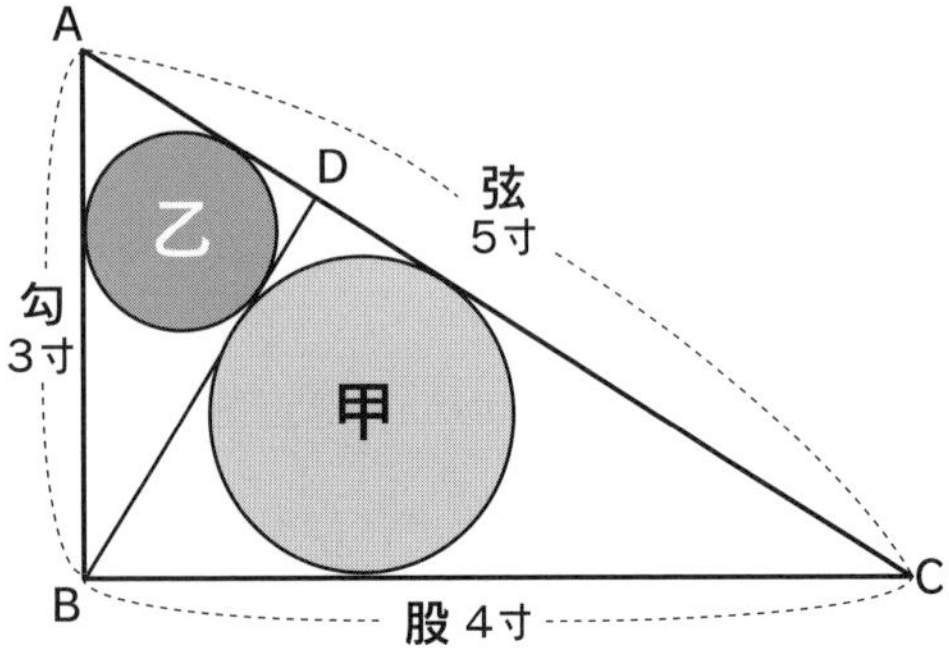

まず辺DCの長さをもとめましょう。
比例《ひれい》DC：股＝股：弦により、

DC：４＝４：５

で、

DC＝４×４÷５＝3.2

となります。
次に辺BDの長さをもとめましょう。
比例BD：DC＝AB：BC により

BD：3.2＝３：４

だから、

BD＝3.2×３÷４＝2.4

となります。

おとなの人もいっしょにどうぞ

（右ページのつづき）

前ページの図から△DBCの部分を取り出すと、下図のようになります。三角形内に円を描《えが》き、直径を甲《こう》とします。円は三角形に接《せっ》しているため、子《ね》の部分の長さは等しくなります。丑《うし》の部分の長さも等しくなります。

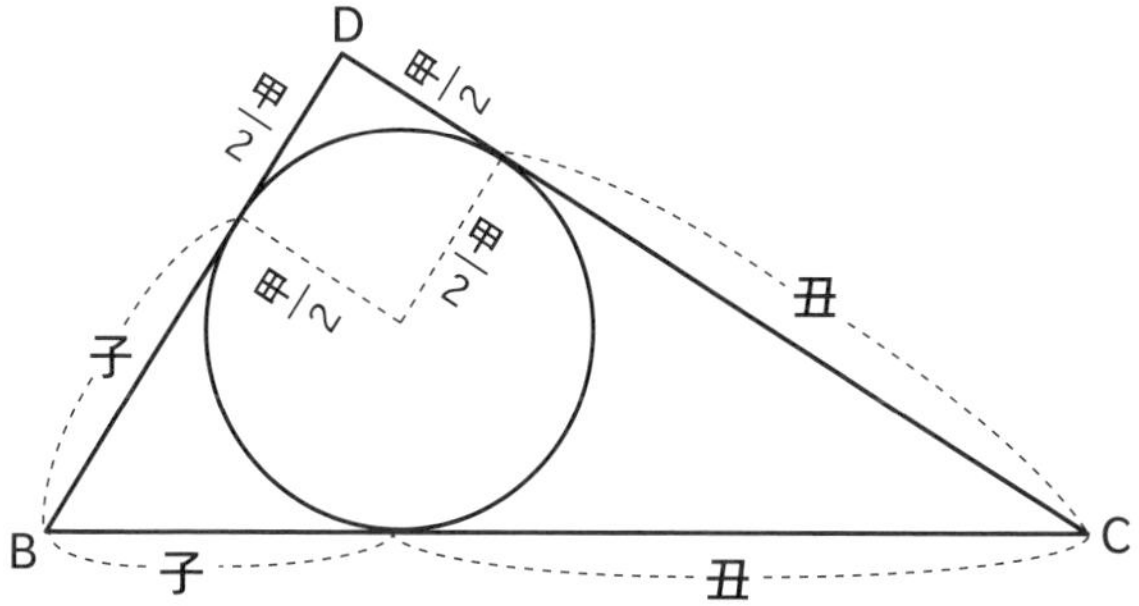

このことから、

$$甲=\underbrace{子+\frac{甲}{2}}_{DB}+\underbrace{丑+\frac{甲}{2}}_{DC}-\underbrace{(子+丑)}_{BC}$$

$$=DB+DC-BC=2.4+3.2-4=1.6寸$$

ともとめられます。

算額には《甲円径《えんけい》一寸六分》と書かれています。乙《おつ》円径は1.2寸になりますが、これは読者への遺題《いだい》（63ページ参照《さんしょう》）としておきましょう。

おとなの人もいっしょにどうぞ

三角形の中の円については、次の２つの術《じゅつ》がなり立ちます。

〈術１〉

前のページまでに見たように、直角三角形の内接円《ないせつえん》の直径《ちょっけい》を甲とすると、

甲《こう》＝勾《こう》＋股《こ》－弦《げん》

がなり立つ。

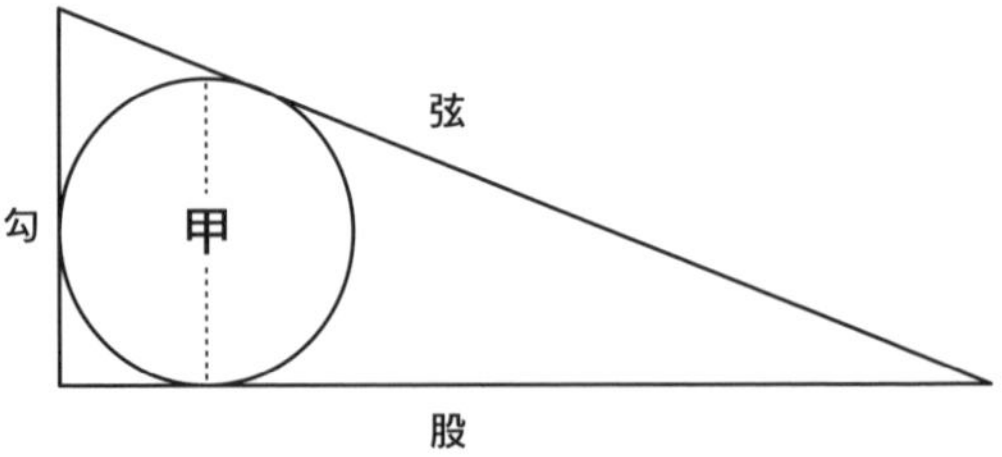

〈術２〉

また、三角形の内接円については、

$$子=\frac{1}{2}\times（甲+乙-丙）$$

（乙《おつ》、丙《へい》）

がなり立つ。

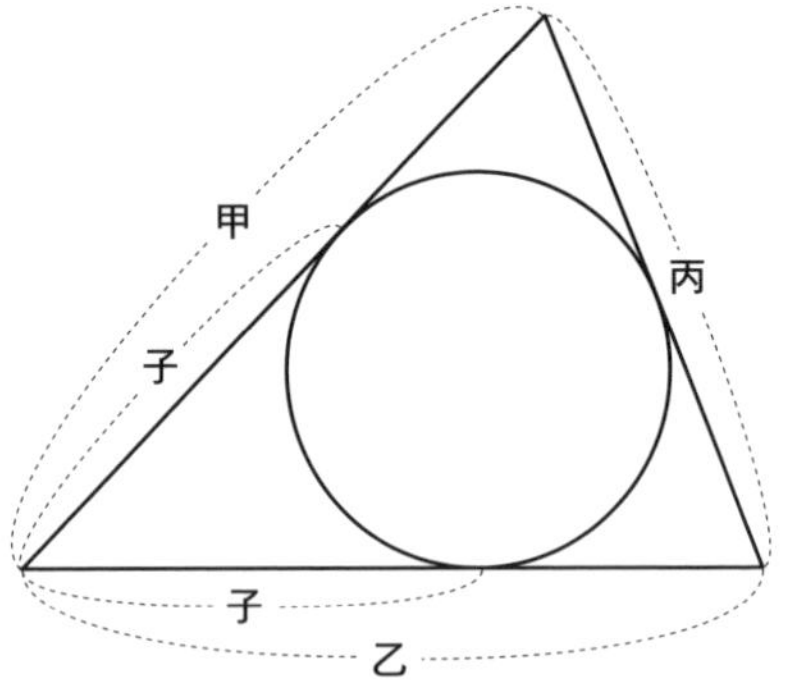

和算では、内接円に関《かん》する問題が多くあります。一見、むずかしそうですが、小学校の算数のはんい内でとけます。

小学生のみなさんには、ちょっとハードルが高かったかもしれませんね。

和算には、このように純粋《じゅんすい》に数学的《てき》なものから、パズルやゲームのような〈数学遊戯《ゆうぎ》〉まで、品数や種類《しゅるい》は豊富《ほうふ》にそろっていますので、好《この》みのものを探《さが》してみるのもいいでしょう。

たとえば、江戸《えど》時代の人が好《す》きだったものに〈裁《た》ち合わせ〉というものがありますので、次にそれをしょうかいしましょう。

裁《た》ち合わせ

■その1　横一寸《すん》、たて二寸の長方形に二回ハサミを入れて切り、正方形にせよ。

『勘者御伽双紙《かんじゃおとぎぞうし》』（一七四三年）より

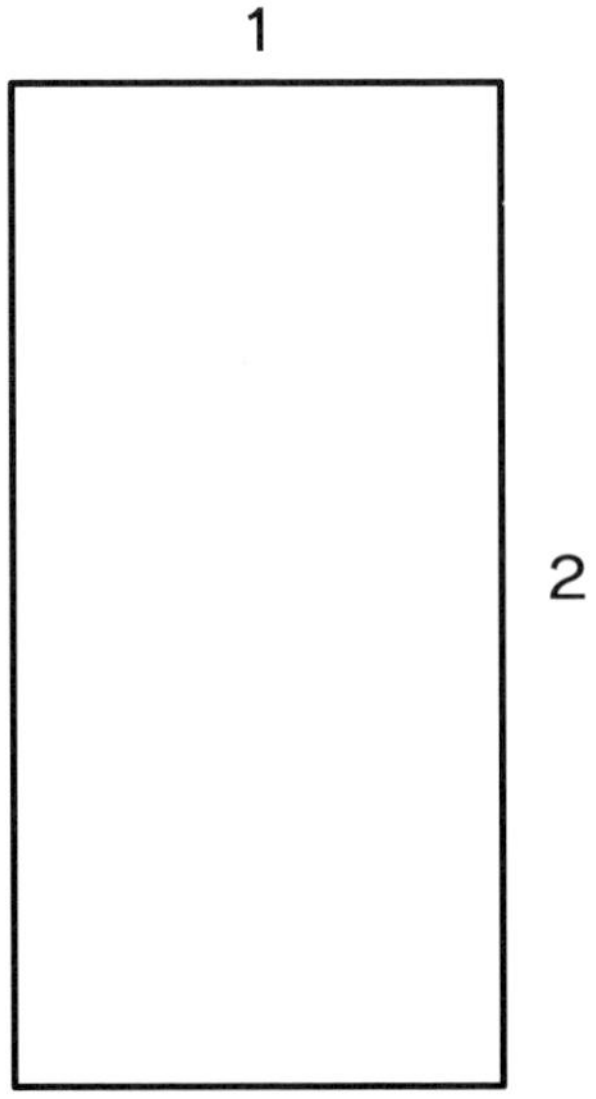

※一寸を10cmとし、10cm×20cmの紙を用意して、考えてみよう。

これは〈裁ち合わせ〉というパズルで、現在《げんざい》では〈タングラム〉とよばれているものです。日本では〈清少納言《せいしょうなごん》の板〉ともいわれます。

裁ち合わせは、ある形をいくつかに切り分け、それを組み合わせてべつの形をつくるというものです。

では、答えを見てみましょう。

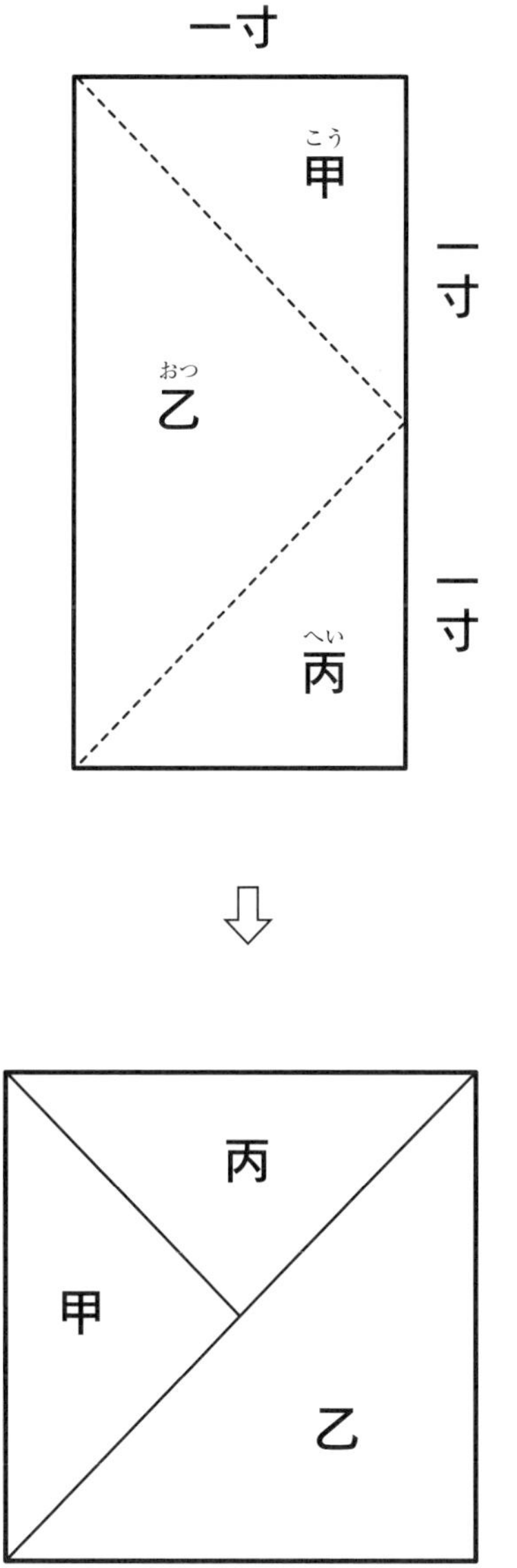

この問題がのっている『勘者御伽双紙』は、江戸《えど》時代のパズル本のようなもので、裁ち合わせもたくさんのっています。

■その2　長方形ＡＢＣＤ《エービーシーディー》を正方形に裁《た》ち合わす。

はじめに、次の（イ）（ロ）の手順《てじゅん》で左図の点Ｆ《エフ》を決定します。

（イ）まずAB = BG《ジー》として正方形ＡＢＧＨ《エイチ》をつくる。

（ロ）辺《へん》ＢＣのまん中の点Ｐ《ピー》をとり、Ｐを中心にして半径《はんけい》ＰＢの円を描《えが》き、辺ＨＧとの交点をＦ《エフ》とする。

次にＦを通る点線で裁ち合わせて、正方形にします。

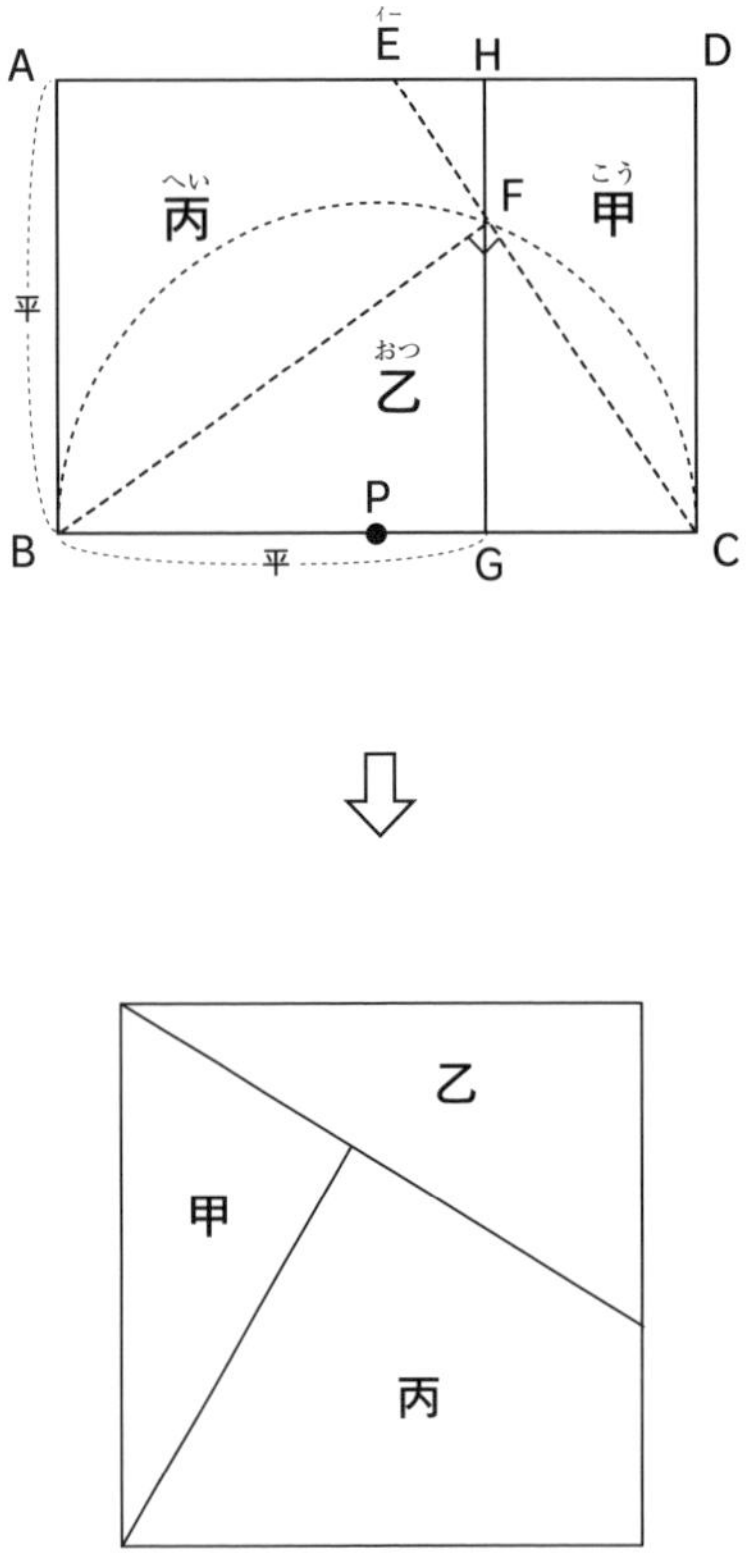

この裁ち合わせは、いっぱんに下の図のように直径《ちょっけい》BCと円周上の点Fがあるとき、

∠BFC＝90°

となる性質《せいしつ》をうまく使ったものでした。

うーん、なるほど！

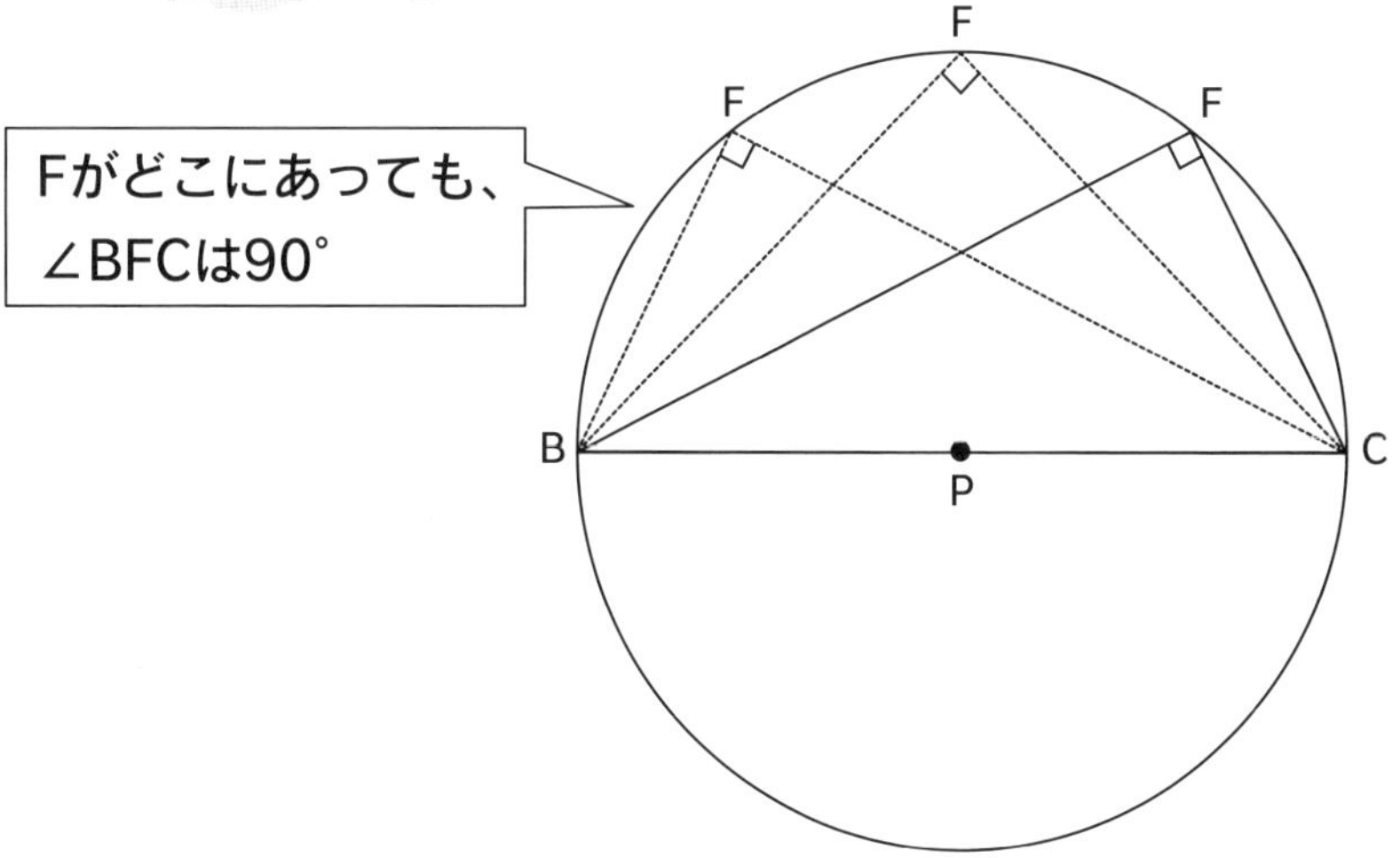

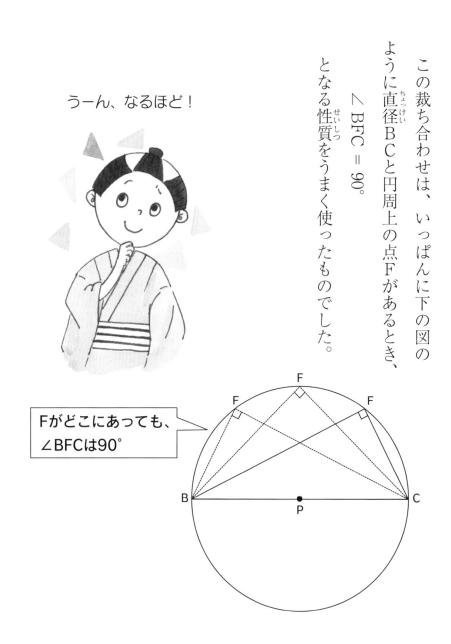

■その3

大小二枚《まい》の正方形を一枚の正方形に裁《た》ち合わす。

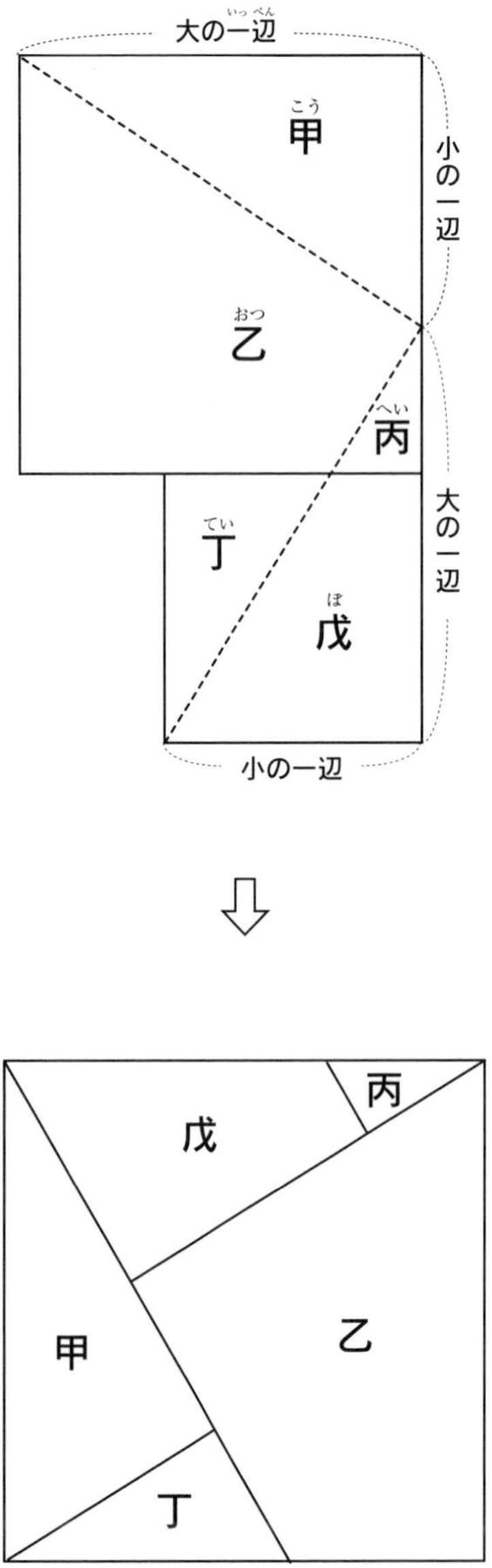

勾《こう》股《こ》弦《げん》の術《じゅつ》（五十三ページ参照《さんしょう》）の説明《せつめい》で使った図と比《くら》べてみましょう。

■その4

同じ大きさの正方形二枚を甲、乙、丙、丁、戊、己《き》の六枚に切って、正方形（ア）、中抜《なかぬ》き正方形（イ）、等脚台形《とうきゃくだいけい》※（ウ）に裁ち合わす。

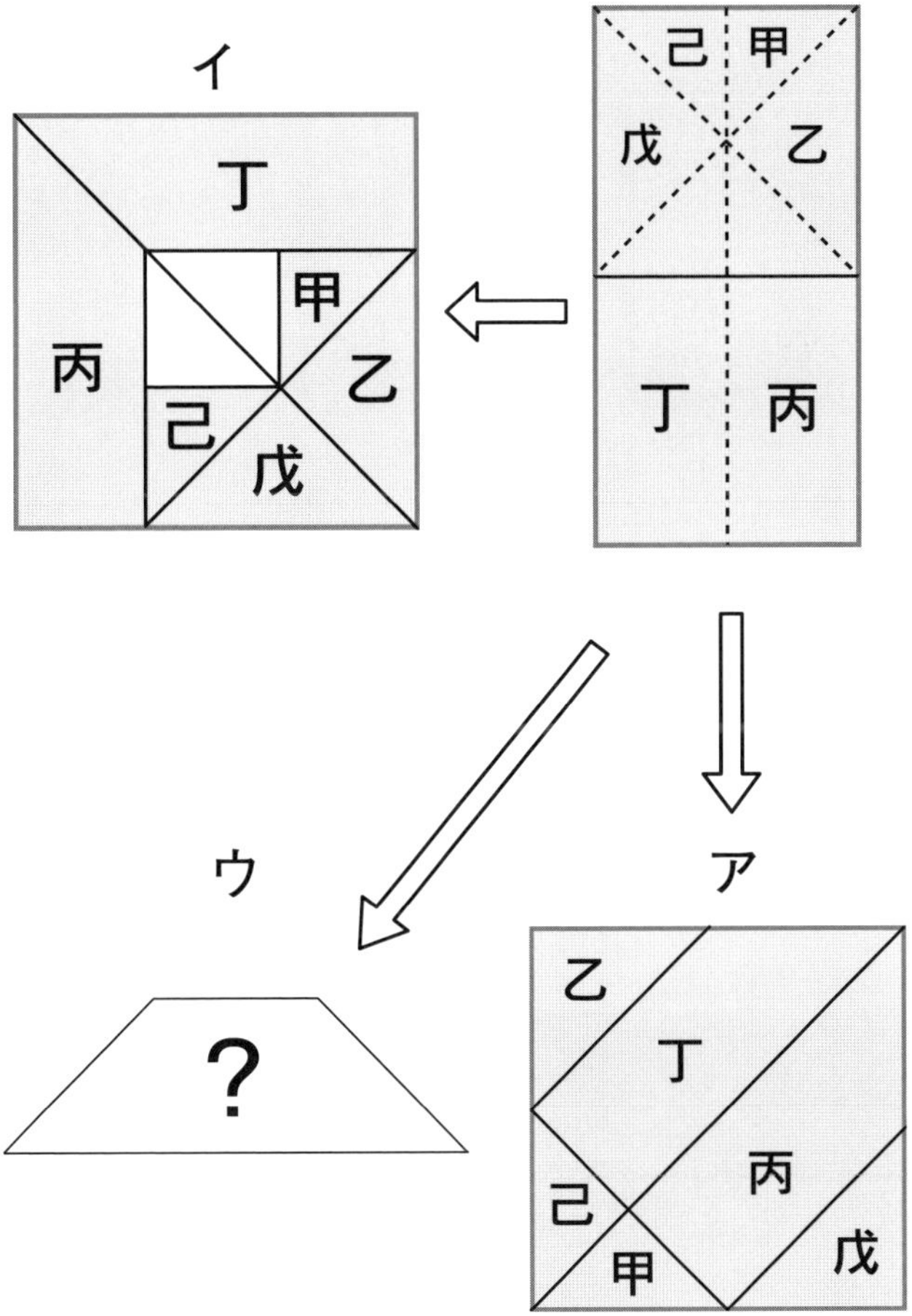

ウの等脚台形への裁ち合わせの答えは、この本のどこかにあります。

※　左右の辺《へん》の長さが等しい台形

■その5

横十六、たて二十五の長方形をハサミで一回切って正方形にせよ。
『和《わ》国《こく》知《ち》恵《え》較《くらべ》』（一七二七年）より

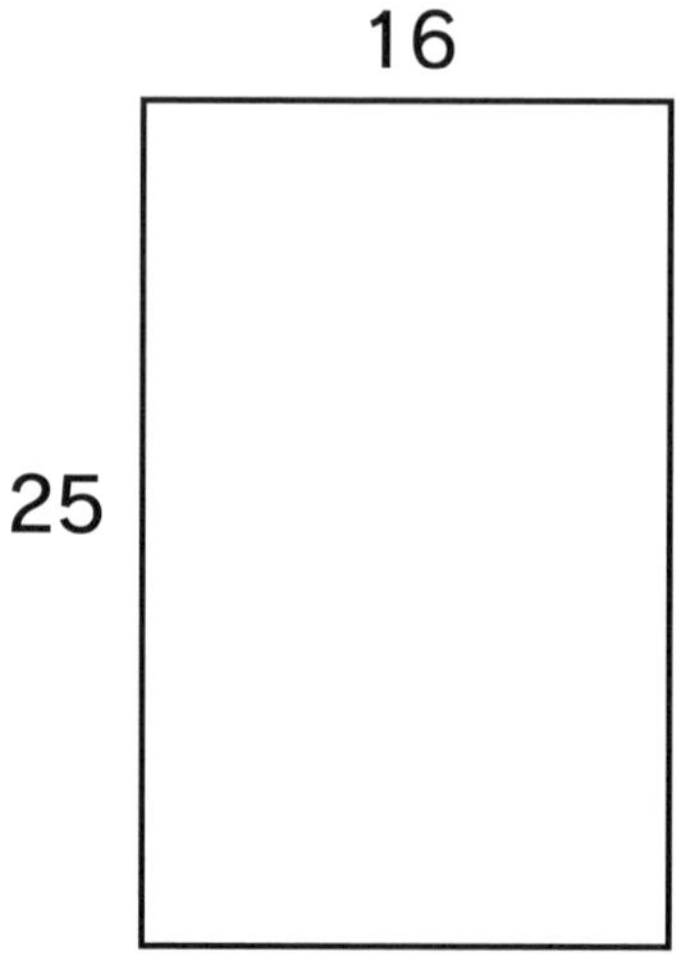

※横16cm、たて25cmの紙を用意して、考えてみよう。

まず、左の図のように、横を4cmごと、たてを5cmごとに分けてマス目を引きます。次に、太線の部分をハサミで「一回」で切り、ななめ右上にずらすと正方形になります。

これも、実際《じっさい》に紙を切ってあそんでみましょう。スマホやテレビゲームとは一味ちがったおもしろさではないでしょうか。

（江戸《えど》時代にはスマホもゲーム機《き》もなかったのだ！）

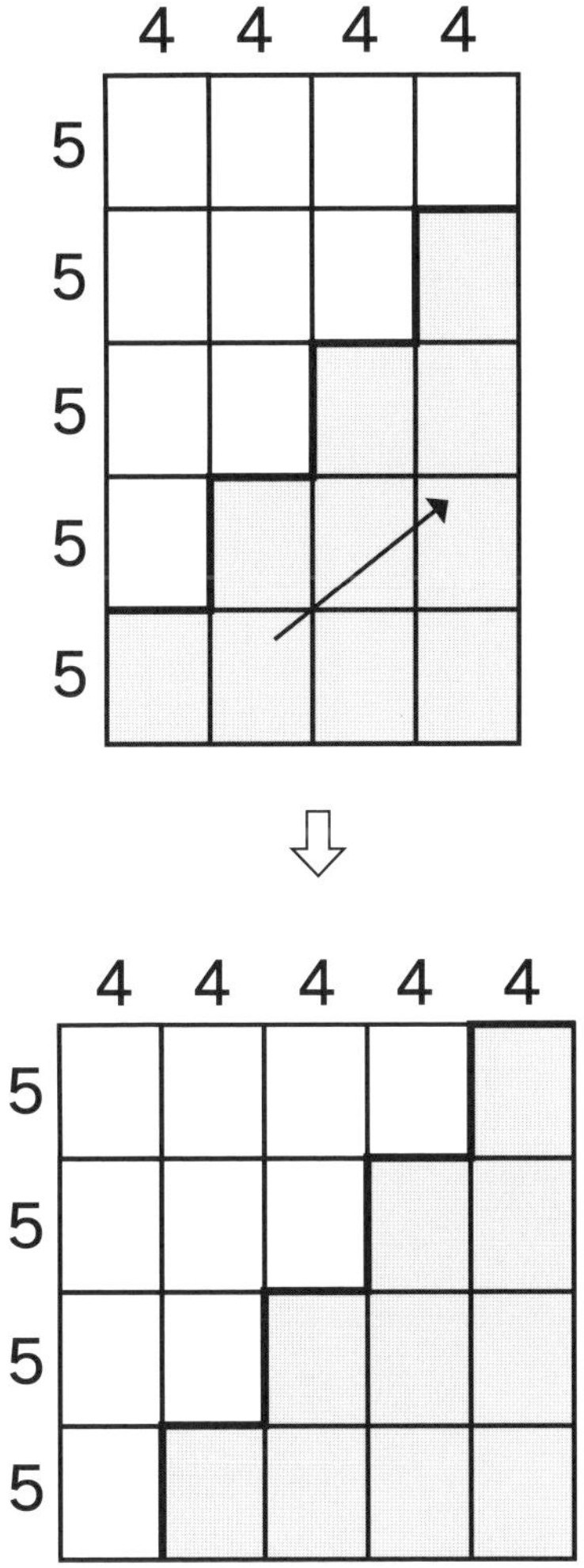

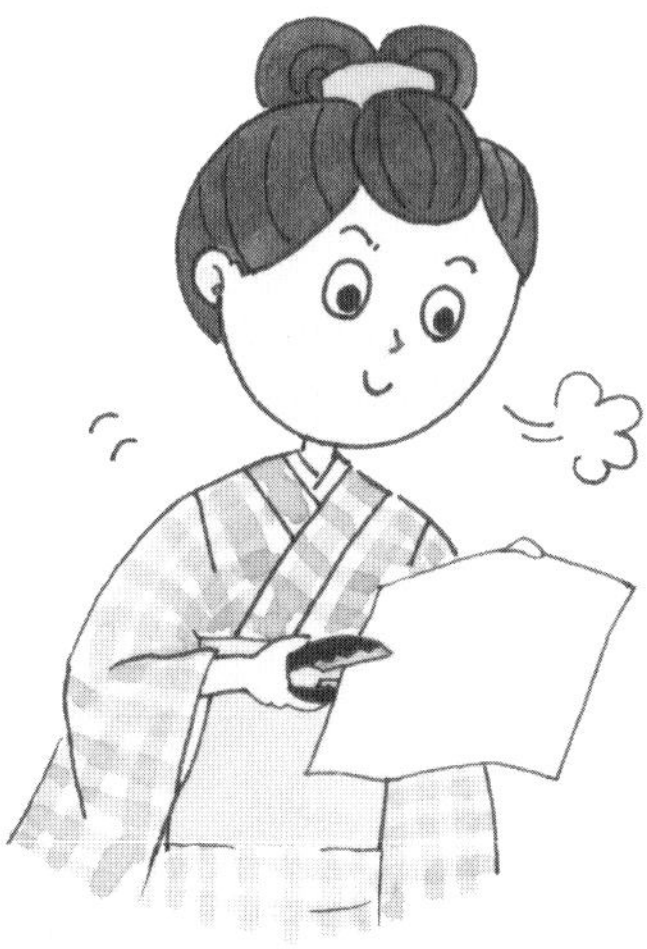

裁《た》ち合わせで二次方程式《ほうていしき》をとく

■面積《めんせき》が百九十二の長方形で、たてが横より四だけ短い。たてと横はいくらか。

『諸勘分物《しょかんぶもの》』（一六二二年）より

この問題は、中学生以上《いじょう》の読者であれば二次方程式を使ってとこうとするでしょう。しかし、『諸勘分物』ではこの長方形四枚《まい》を左ページの図のようにならべ、裁ち合わせで説明《せつめい》しています。見てみましょう。

おとなの人もいっしょにどうぞ

裁ち合わせで、二次方程式がとける？

下の正方形ABCD《エービーシーディー》は、面積192の長方形４つと正方形EFGH《イーエフジーエイチ》（面積16）を加《くわ》えたものですね。だから、

正方形ABCDの面積＝192×４＋16＝784

となります。ここで、開平術《かいへいじゅつ》（54ページ参照《さんしょう》）を使うと、正方形ABCDの一辺《いっぺん》の長さは28とわかります。

すなわちAD＝28だから、

たて＝(AD－EH)÷２＝(28－４)÷２＝12

ともとめられます。

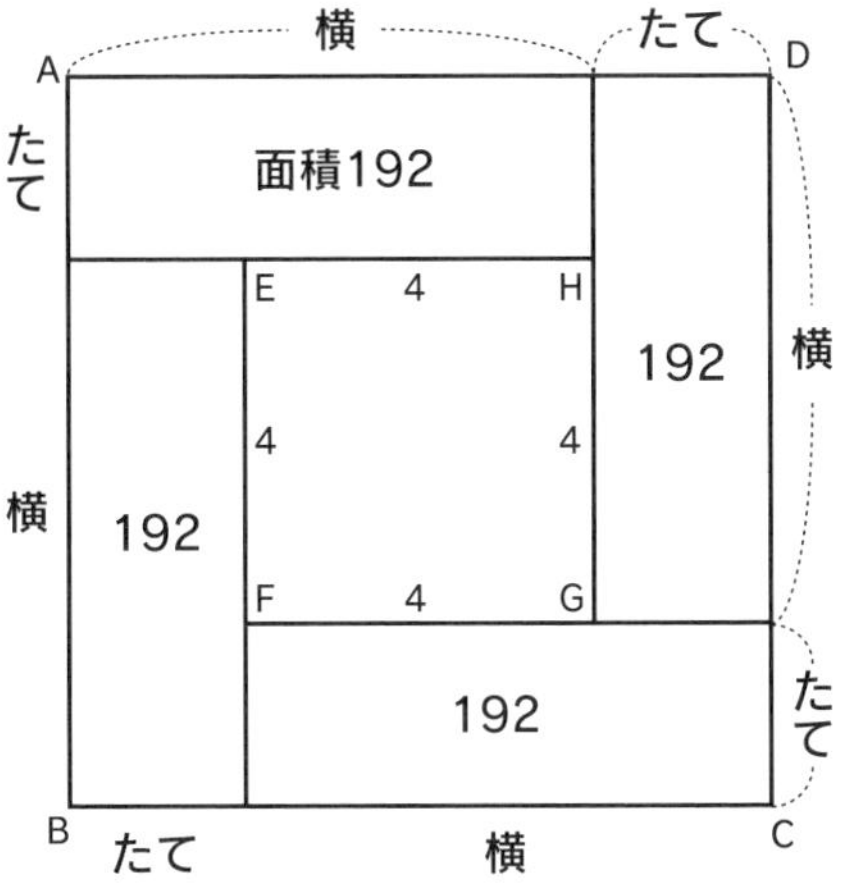

このように、裁ち合わせはいろいろなところで使われています。

おとなの人もいっしょにどうぞ

（前ページのつづき）

たての長さをx《エックス》とすると横の長さは$x+4$となり、長方形の面積《めんせき》は$x(x+4)$と書けます。したがって、$x(x+4)=192$という二次方程式《ほうていしき》をとくことになりますので、前のページの術《じゅつ》は二次方程式をとく公式ともいえます。

４の部分を○、192の部分を△とします。

$x(x+○)=△$……①

これをとくには$4×△+○^2$の値《あたい》に開平術《かいへいじゅつ》を施《ほどこ》せばよいのです。その値（本問では28）から○を引いて２でわればxの値になります。すなわち、

$$x=\frac{\sqrt{4×△+○^2}^{※}-○}{2}……②$$

これは中学校で習う〈二次方程式の解《かい》の公式〉だったのです。実は和算でも②を公式として使っています。和算にもいろいろな段階《だんかい》があり、初心者《しょしんしゃ》には図解《ずかい》で、上級者には方程式で解の公式を使う、というようにそれぞれのレベルにあった方法《ほうほう》でとき方を楽しんでいました。

※　$\sqrt{\ }$（ルートと読む）は平方根《へいほうこん》を表す記号。$\sqrt{○}=△$は、○の平方根が△であるという意味になる。

盗人算《ぬすびとざん》（過不足算《かふそくざん》）

過不足算とよばれている問題があります。これは知っている人も多いでしょう。和算では〈盗人算〉〈盈不足算《えい》〉〈盈朒《えいじく》〉などといいます。〈盈〉はあまり、〈朒〉は不足という意味です。

ではなぜ盗人算というのでしょう。この問題が『塵劫記《じんこうき》』でとり上げられたとき、盗人（どろぼう）が盗《ぬす》んできた絹《きぬ》の布地《ぬのじ》を山分けしている、という設定《せってい》であったので、それ以後《いご》、盗人算とか絹盗人算とよばれるようになりました。古くは盈不足、盈朒といっていましたが、盗人算とよんだ方が親しみがもてますね。

次のような算題《さんだい》がその典型《てんけい》です。原文のまましめしておきます。

『算法図解大全《さんぽうずかいたいぜん》』盗人算の図

■盗人《ぬすびと》橋の下にて布《ぬの》を分《わけ》る。七反《ななたん》づつ取《とれ》ば六反餘《あまり》、又《また》八反づつ取ば九反不足といふを聞く。盗人の数并《ならびに》反数を得《う》る術《じゅつ》を問《とう》。

『算法新書《さんぽうしんしょ》』（一八三〇年）より

問題の意味：数人の盗人が、盗《ぬす》んできた布を橋の下で山分けしている。盗人一人に七反※ずつ分ければ六反あまり、八反ずつ分ければ九反不足する、と話しているのを橋の上で聞いた。盗人の数と反物の数はいくらか。

盗人算は、このように盗人が橋の下で盗んだ物を数えているのを、橋の上で聞いている、という設定《せってい》が多いです。数学的には〈いくつかの物を何人かで分ける。一人に七個《こ》ずつ配れば六個あまり、八個ずつ配れば九個不足するとき、物の数と人数をもとめよ〉ということです。『算法新書』では、次のような図で説明《せつめい》されています。

図を使って考えよう

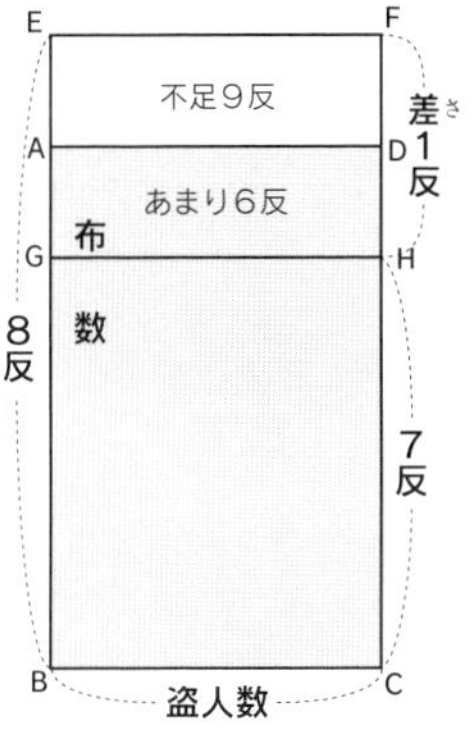

横を盗人の数、たてを一人に配る反物の数とすると、灰色《はいいろ》の長方形ABCD《エービーシーディー》の面積《めんせき》が盗んできた反数を表しています。長方形E《イー》ADF《エフ》の面積は8反ずつ配ったときの不足の9反、長方形AGHD《ジーエイチ》 の面積は7反ずつ配ったときのあまりの6反です。長方形EGHFの面積をFHの長さでわればBCの長さ、すなわち盗人の人数です。ゆえに、

$$盗人数=\frac{6+9}{8-7}=15人、$$

$$布の反数=15\times 7+6=111反$$

ともとめられます。

答え　盗人15人、布111反

おとなの人もいっしょにどうぞ

『算法新書《さんぽうしんしょ》』にはこれの変形《へんけい》バージョンもあります。

もう一つしょうかいしましょう。

何人かで船に乗り、船賃《ふなちん》をみんなで負担《ふたん》する。1人5匁《もんめ》ずつ出せば8匁不足する。1人6匁ずつ出せば3匁不足する。人数と船賃はいくらか。

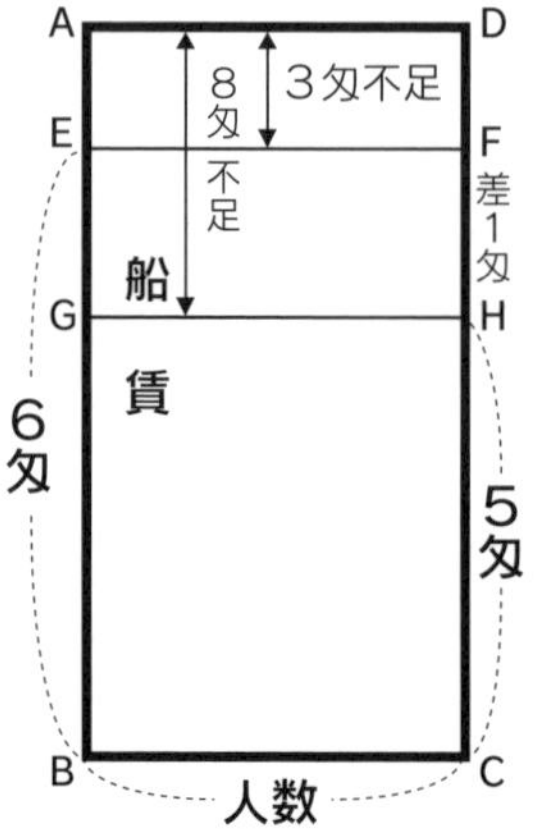

これは過不足ではなく〈不足不足算〉とでもいえばよいでしょうか。

長方形ABCD《エービーシーディー》の面積《めんせき》が船賃で、長方形AGHD《ジーエイチ》の面積は不足の8匁、長方形AEFD《イーエフ》の面積は不足の3匁を表しています。したがって、長方形EGHFの面積をFHの長さでわればBCの長さ、すなわち人数になります。ゆえに、

$$人数=\frac{8-3}{6-5}=5人、$$

$$船賃=5\times5+8=33匁$$

答え　人数5人　船賃（銀）33匁

※　一反はおとなの和服一着分の布地《ぬのじ》

杉形算《すぎなりざん》

『算法図解大全《さんぽうずかいたいぜん》』杉形算の図

俵《たわら》を二等辺《にとうへん》三角形や台形に積《つ》み重ねたとき、全部で何俵《なんぴょう》あるかをもとめる問題を〈杉形算〉〈杉算《すぎざん》〉〈俵杉算《たわらすぎざん》〉などといいます。杉の木の形が二等辺三角形に見えることからこうよばれているようです。

■俵《たわら》を杉形《すぎなり》に積《つ》む。一番下に八俵、一番上が一俵である。総俵数《そうひょうすう》はいくらか。

『算法図解大全《さんぽうずかいたいぜん》』（一八四八年）より

杉形とは、左のページの図のように、一番下に八個《こ》、二段目《にだんめ》に七個、三段目六個、……、一番上に一個と、つねに下の段よりも一個ずつ少なく積んだ形をいいます。総数はこの程度《ていど》なら実際《じっさい》に数えればよいですが、数字が大きくなるとたいへんです。

数えずに俵の数を知る方法《ほうほう》

杉形算－その１

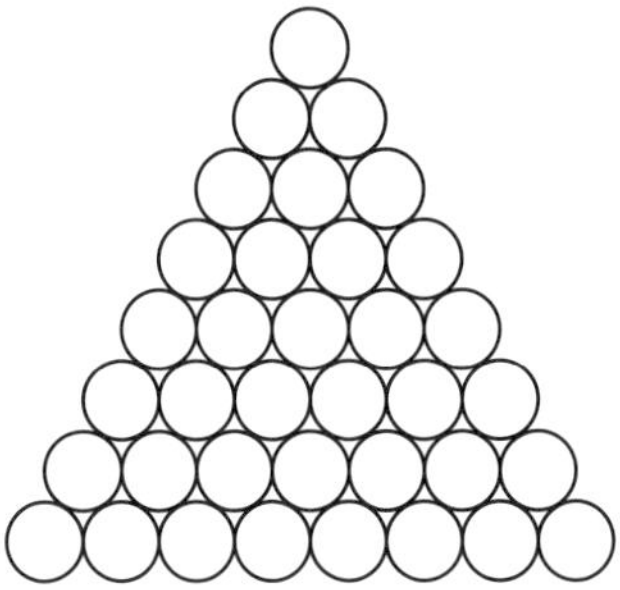

問題の情報《じょうほう》〈８個と１個〉から、俵の総数をもとめる方法が杉形算です。積まれている俵の数を上から、１＋２＋３＋４＋５＋６＋７＋８と足していく計算をかんたんにする術《じゅつ》です。杉形を上下ぎゃくにして下のような図をつくると９個が８段できているので、総数は９×８の半分であることがわかります。

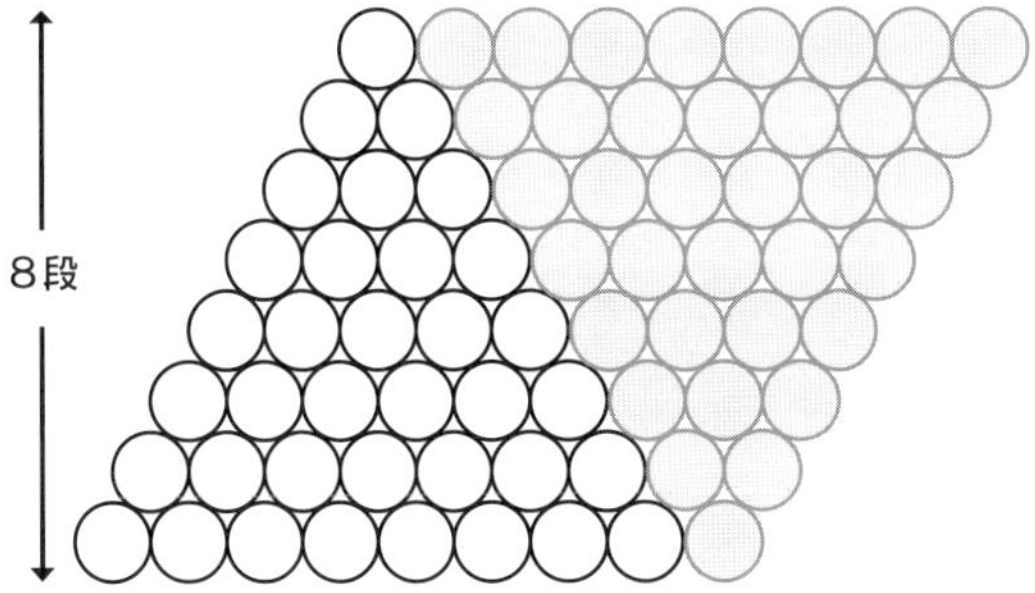

総数＝９×８÷２＝72÷２＝36俵　　答え　36俵

一番上が１俵のとき、段数は最下《さいか》の俵数と同じです。一番上が１俵でなくても同じようにできます。次のページを見てください。

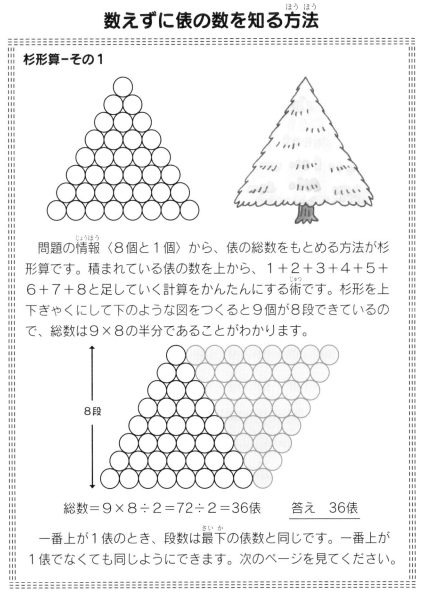

おとなの人もいっしょにどうぞ

杉形算《すぎなりざん》－その2

一番下が15俵《ひょう》で一番上が5俵の杉形の総数《そうすう》はいくらか、という問題です。

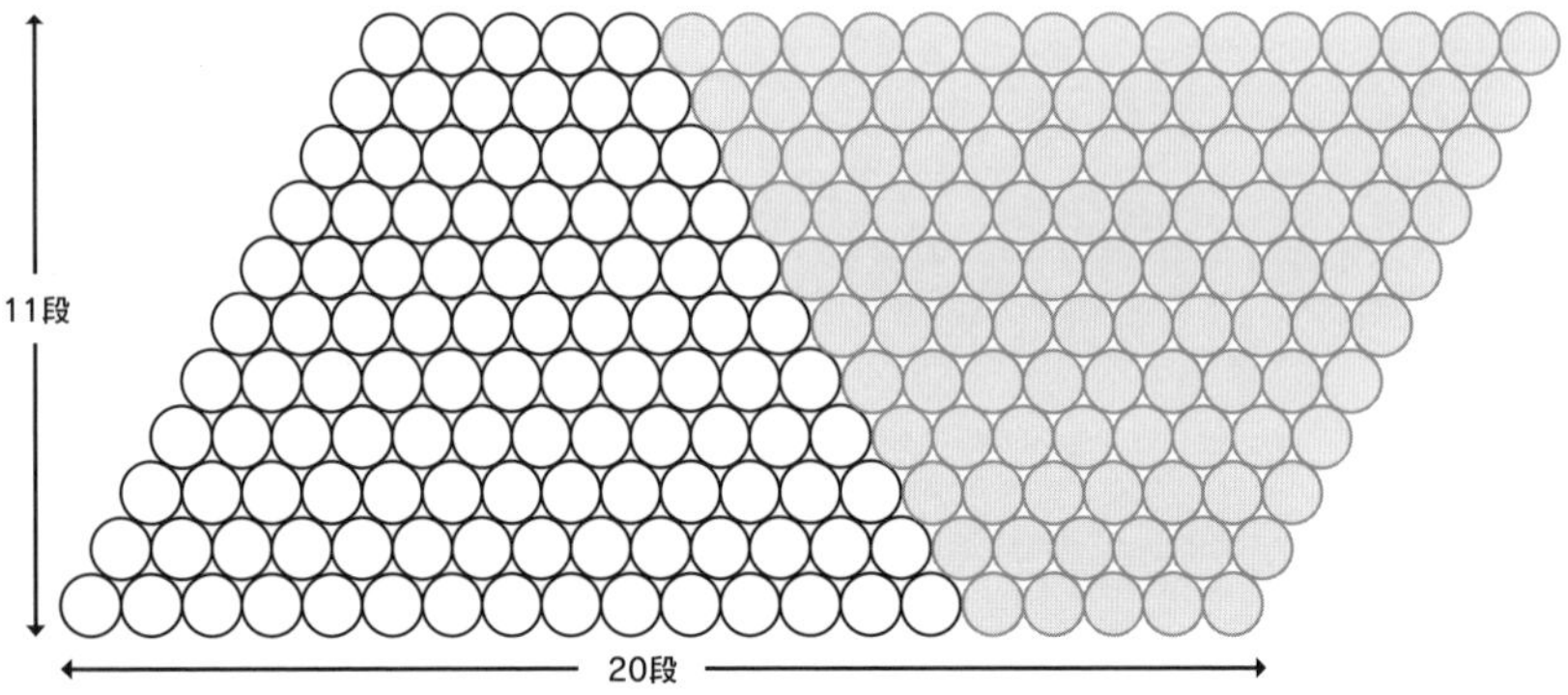

この場合、

段数《だんすう》＝最下数《さいかすう》－最上数＋1＝15－5＋1＝11段

です。ゆえに、

総俵数＝(最下数＋最上数)×段数÷2

＝(15＋5)×11÷2＝110俵

答え　110俵

杉形算の応用《おうよう》に〈入れ子算〉というものがあります。

■入れ子算　入れ子鍋《なべ》が五つあり、代銀の合計は五十五匁《もんめ》で、各鍋《かくなべ》の差《さ》が三匁であるとき、それぞれの鍋の代銀はいかほどか。

『和漢算法大成《わかんさんぽうたいせい》』（一六九五年）より

入れ子とは、鍋などが順番《じゅんばん》に小さくなっており、大きな鍋の中に小さい鍋を重ね入れることができるようなしくみのことです。ロシアの民芸品《みんげいひん》マトリョーシカを想像《そうぞう》すればよいでしょう。このような問題を〈入れ子算〉といいます。『和漢算法大成』には次のような図解《ずかい》がのっています。

おとなの人もいっしょにどうぞ

入れ子算

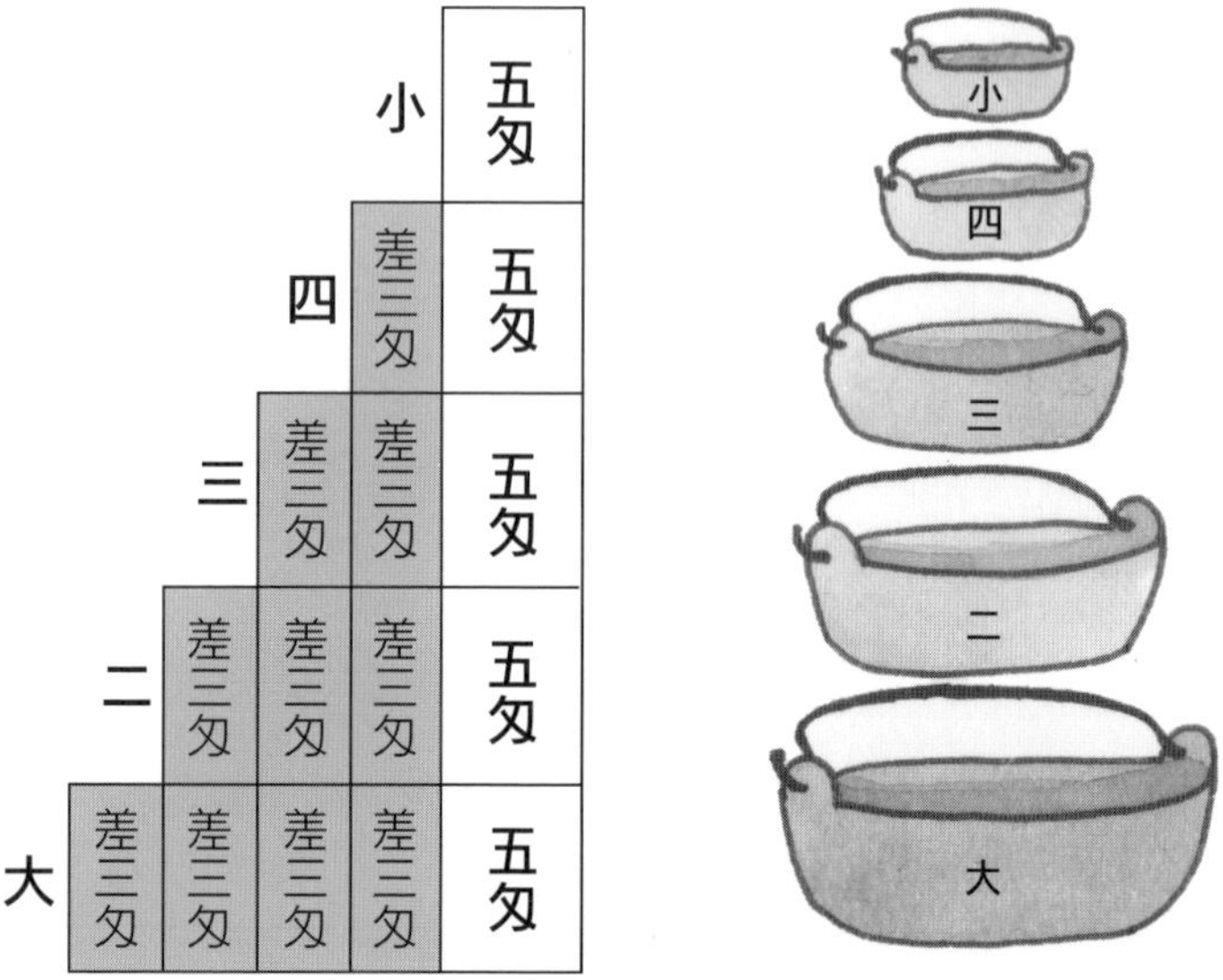

杉形算《すぎなりざん》によって、灰色《はいいろ》の部分（差《さ》３匁《もんめ》）の個数《こすう》は５×４÷２＝10個で、１つが３匁だから全部で10×３＝30匁となります。よって、

一番小さい鍋《なべ》の値段《ねだん》＝（55－30）÷５＝５匁

です。各鍋《かくなべ》の差が３匁なので、あとは３匁ずつ足していけばよいのです。

答え　５匁、８匁、11匁、14匁、17匁

おとなの人もいっしょにどうぞ

公式にしてみよう

その1、その2の杉形算を公式化してみましょう。一番下がn《エヌ》個で、一番上が1個の杉形の総数《そうすう》は、

$$1+2+3+4+\ldots+n=\frac{1}{2}\times n\times(n+1)$$

となります。また、一番下がa《エー》個で、一番上がb《ビー》個の杉形の段数《だんすう》は$a-b+1$段だからその総数は、

$$\frac{1}{2}\times(a+b)\times(a-b+1)$$

となります。

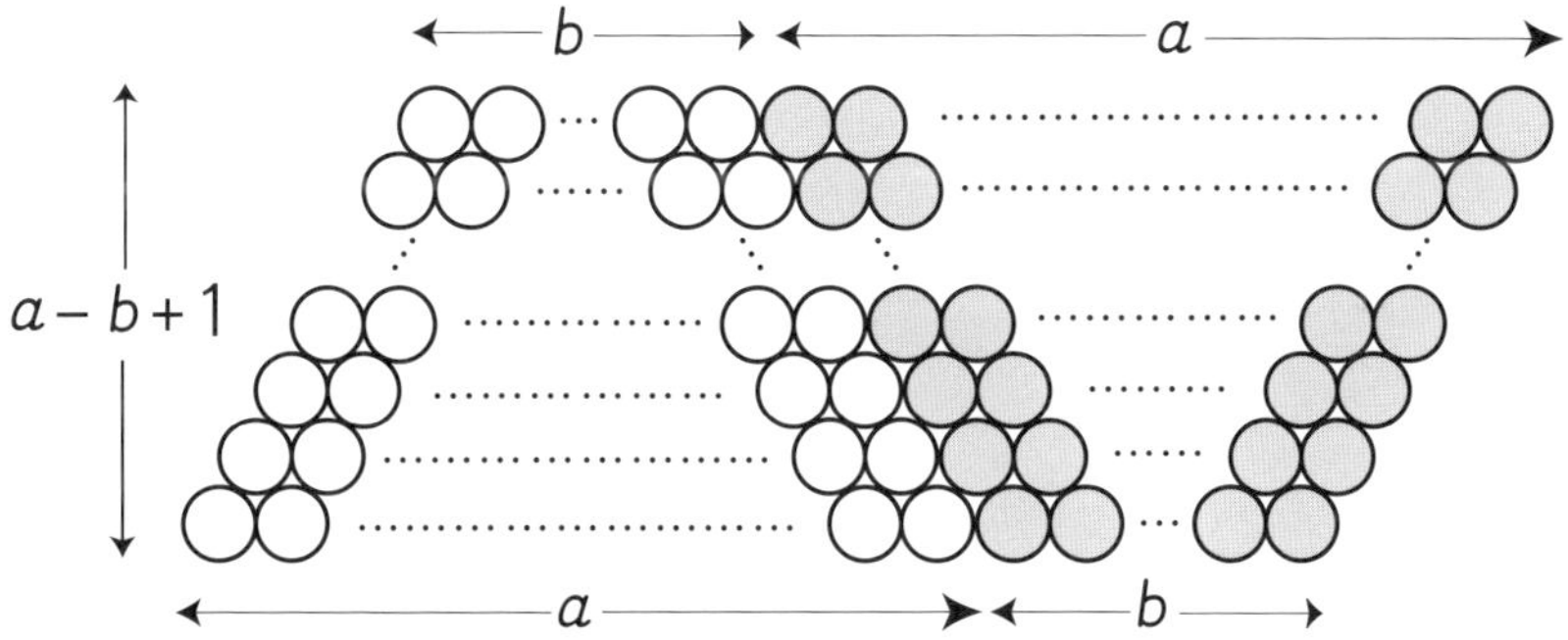

油分け算

『塵劫記《じんこうき》』にのってから、有名になった問題に〈油分け算〉があります。

■一斗桶《いっとおけ》に油が十升《じっしょう》入っている。これを七升枡《ます》と三升枡を使って、五升ずつに分けよ。

『塵劫記』より

一斗は十升で、1升≒1.8リットルです。『塵劫記』には次のように書かれています。

まず三升の枡で七升枡へ三ばい入れると、三升枡に二升のこる。いっぱいになった七升枡を元の桶へあける。三升枡に二升のこっているのを、七升枡へあけて、また三升枡で一ぱい入れれば、五升ずつに分かれる。

この「油の出し入れ」を表にすると次のようになる（これを術《じゅつ》1とする）。

（術1）

	7枡	3枡	10枡
①	0	0	10
②	0	3	7
③	3	0	7
④	3	3	4
⑤	6	0	4
⑥	6	3	1
⑦	7	2	1
⑧	0	2	8
⑨	2	0	8
⑩	2	3	5
⑪	5	0	5

上の表を図にすると……

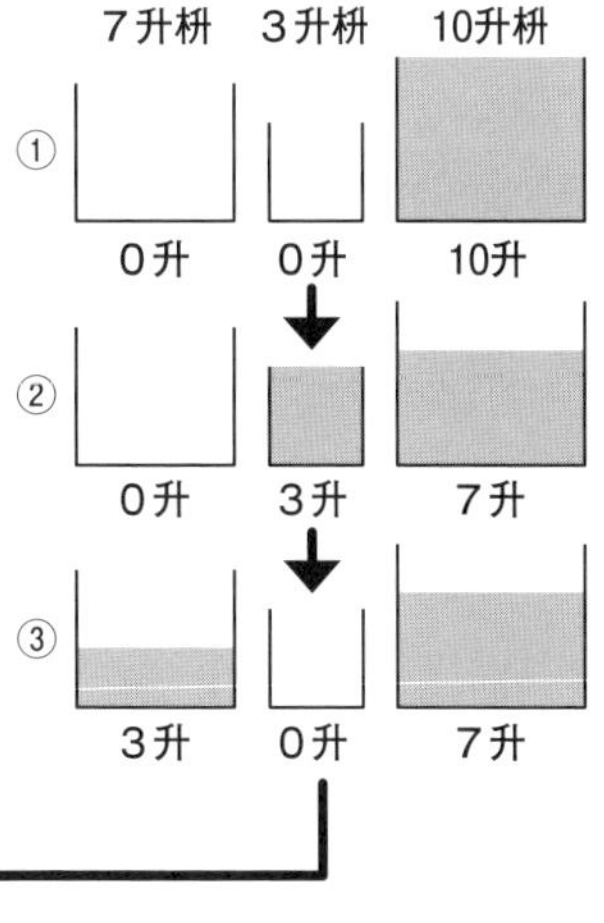

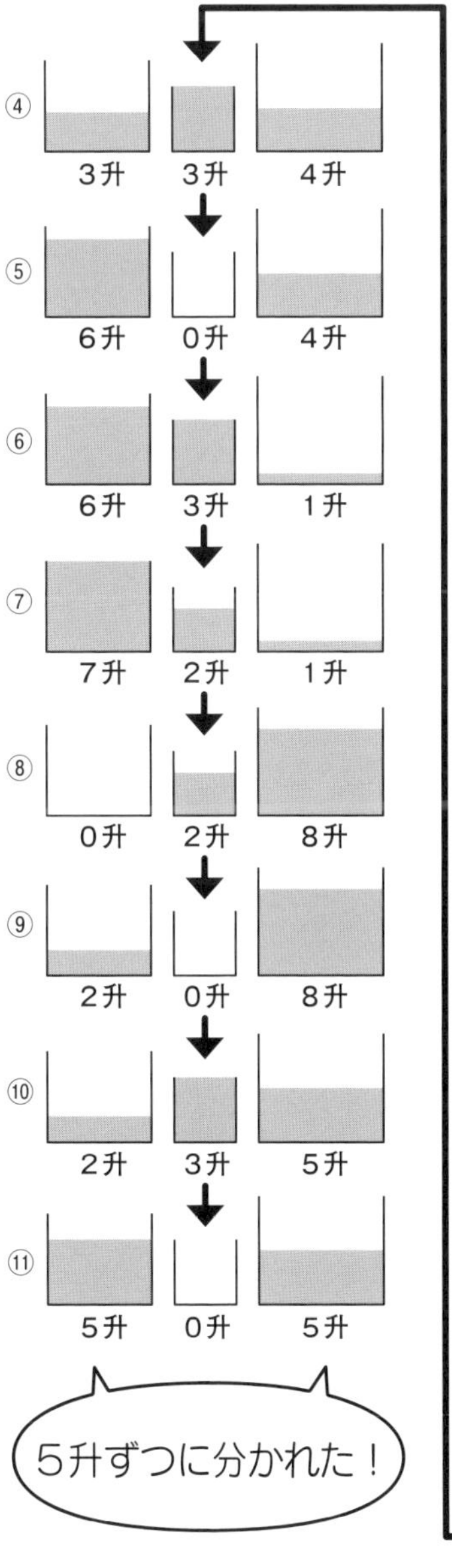

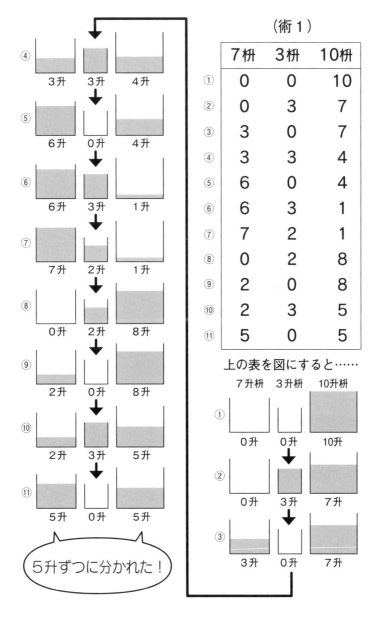

この手順《てじゅん》は一通りではありません。『塵劫記《じんこうき》』の術《じゅつ》は、最初《さいしょ》に三升枡《さんしょうます》をいっぱいにしましたが、七升枡をいっぱいにすることからはじめるとどうなるでしょうか。（術2）のようになります。（術1）より移動《いどう》する回数が少なくてすむことがわかります。

ほかにもいろいろな方法《ほうほう》がありますので、考えてみましょう。

（術2）

7枡	3枡	10枡
0	0	10
7	0	3
4	3	3
4	0	6
1	3	6
1	0	9
0	1	9
7	1	2
5	3	2
5	0	5

おとなの人もいっしょにどうぞ

油分け算をグラフで考える

べつの術として油の出し入れを下の図のようなグラフにすることもできます。長方形PQRS《ピーキューアールエス》を書き、横に7升枡、たてに3升枡の量をとります。たとえば(イ) で点A《エー》は7升枡に4升、3升枡に2升入っていることをしめしています。これを(4, 2)と表すことにします。点B《ビー》は7升枡に1升、3升枡に3升入っていることをしめしていますので、これを(1,3)と表すことにします。この書き方で(術2)の7升枡と3升枡の量《りょう》を表示してみると、

(0,0) → (7,0) → (4,3) → (4,0) → (1,3) →
(1,0) → (0,1) → (7,1) → (5,3) → (5,0)

となります。これらの点を順に結《むす》んでいくと、次ページの図(ロ) のようになります。(7,0)は点C《シー》、(4,3) は点D《ディー》、(4,0) は点E《イー》、……、となり、C→D→E→ …… →K《ケー》と矢《や》印《じるし》で結びます。

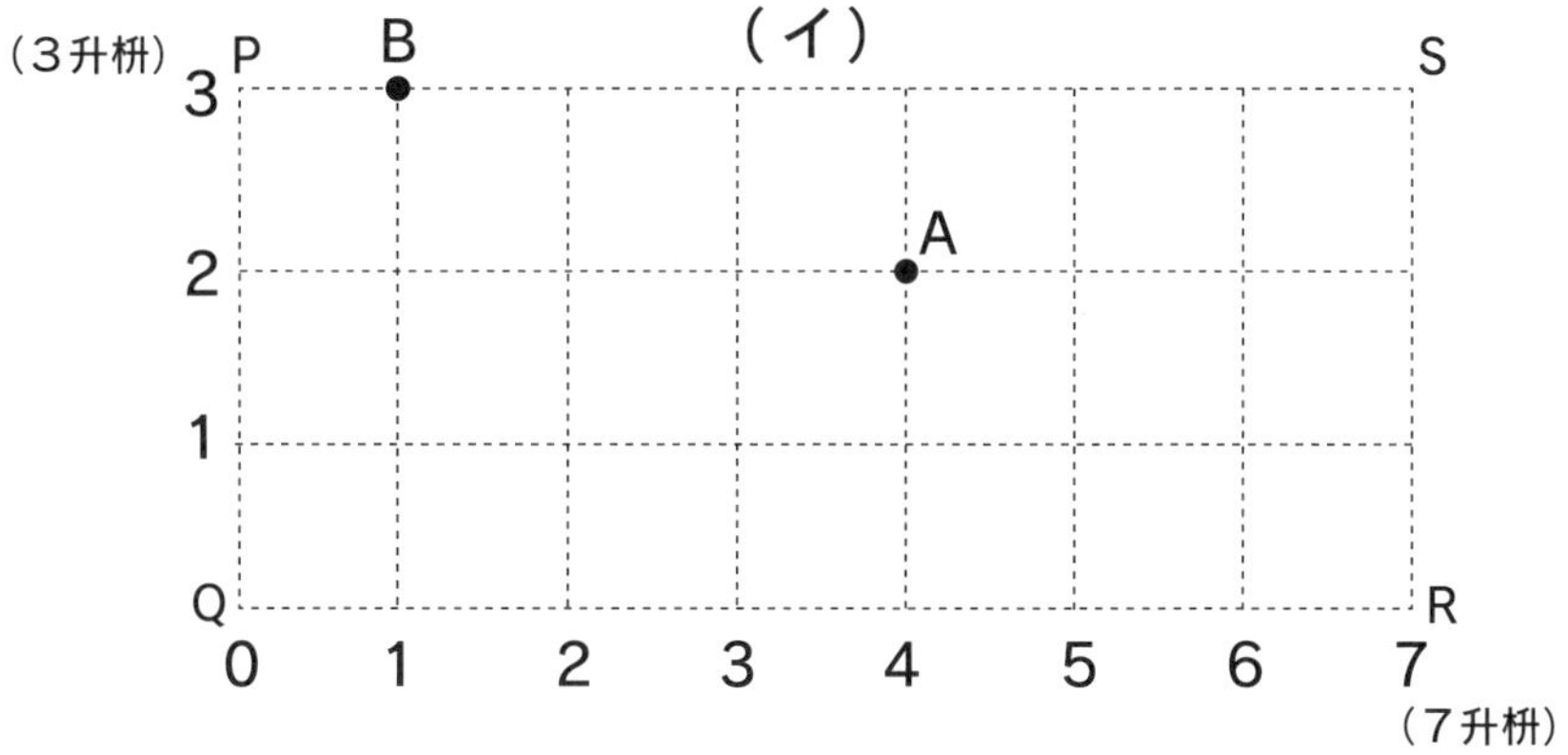

おとなの人もいっしょにどうぞ

（前ページのつづき）

７升枡《しょうます》、３升枡のどちらかはいっぱい、またはどちらかはカラでなければならないので、（０,０）から出発して、長方形PQRS《ピーキューアールエス》の辺《へん》PQ、QR、RS、SPに向かって矢印《やじるし》を書けばよいのです。ななめの矢印は７升枡から３升枡にうつすことをしめしています。終着点はK《ケー》の（５,０）です。最初《さいしょ》に（０,３）へ行くと（ハ）の図のようになり、これが（術《じゅつ》１）にあたるもので、ななめの矢印は３升枡から７升枡にうつすことをしめしています。終着点は同じく（５,０）です。

（ロ）

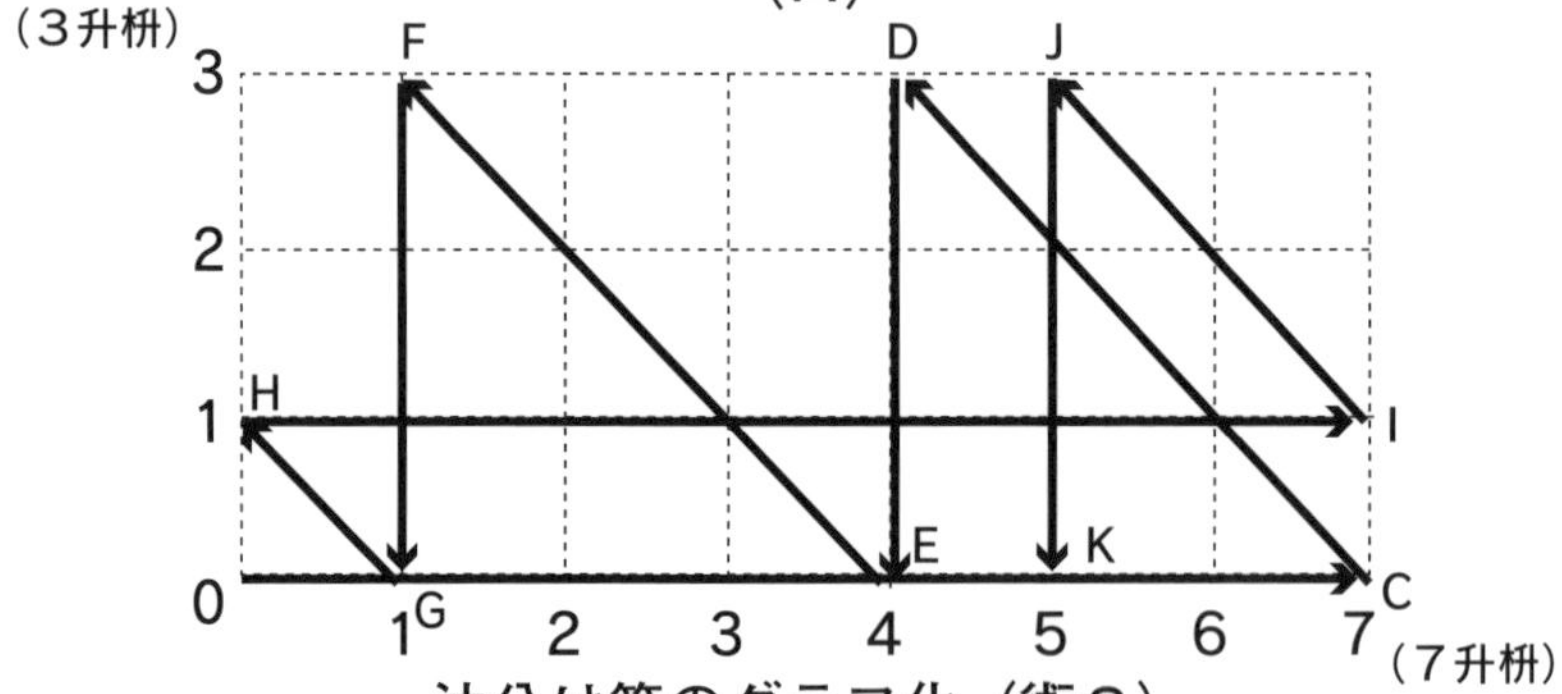

油分け算のグラフ化（術２）

（ハ）

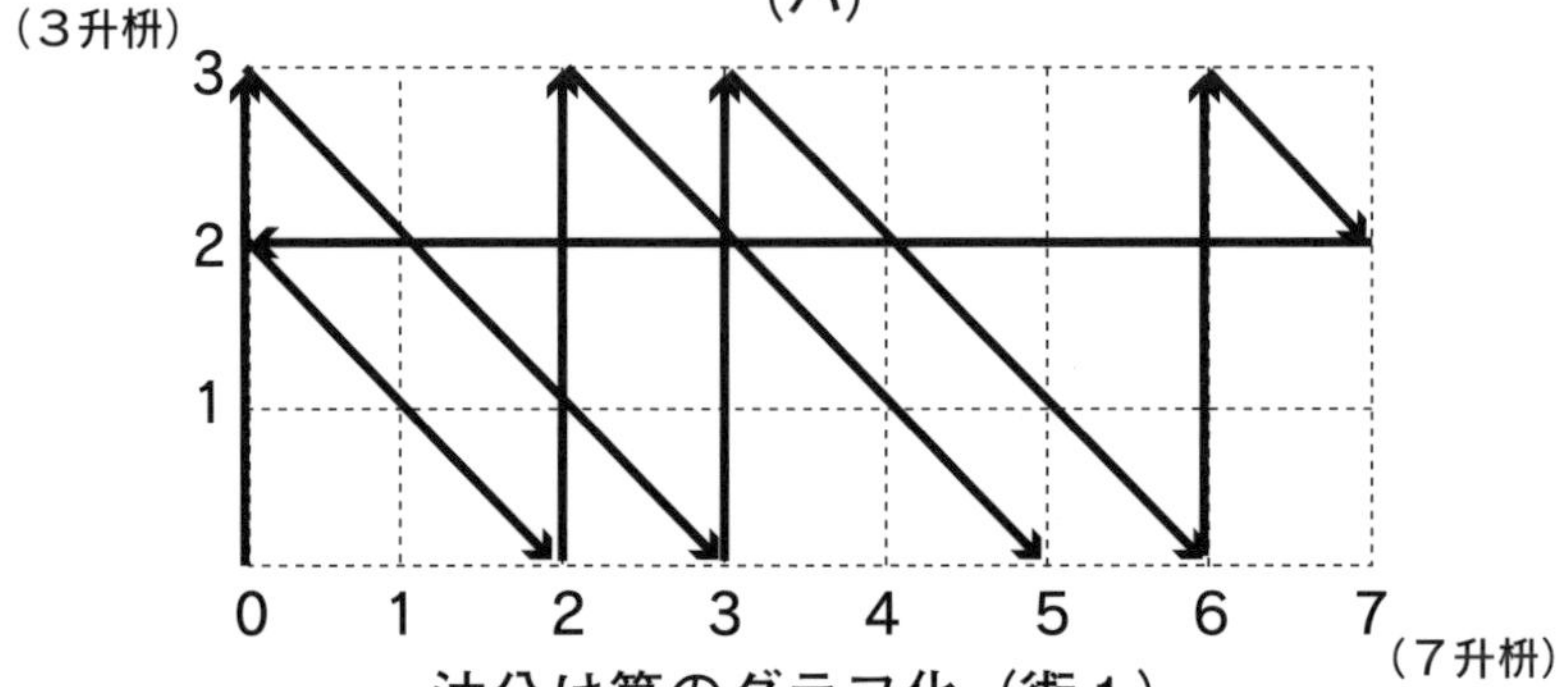

油分け算のグラフ化（術１）

＊＊＊＊＊＊＊＊＊＊＊＊＊＊＊＊＊＊＊＊＊＊＊＊＊＊＊＊＊＊＊＊

コラム　ハリウッド映画《えいが》の中の油分け算

　油分け算がハリウッド映画『ダイハード３』に登場する。テロリストが、B・ウィリス扮《ふん》するマックレーン刑事《けいじ》に次つぎと要求《ようきゅう》を出すのであるが、その一つがこの油分け算である。指定《してい》時間内にこの問題がとけなければ、ニューヨークで爆弾《ばくだん》テロを行う、という設定《せってい》である。油分け算はヨーロッパにも古くからあったようだが、西洋から伝《つた》わったという証拠《しょうこ》は得《え》られていない。『ダイハード３』では油のかわりに水だが、このような映画に登場するところをみると、油分け算はやはり西洋起源《きげん》のものだと思われる。しかし、中国の数学書には、見当たらない。ヨーロッパと日本で個別《こべつ》に考え出されたものと思われる。吉田光由《よしだみつよし》もダイハードにはおどろいていることだろう。

〈３ガロンと５ガロン入りの容器《ようき》を使って４ガロンをつくれ〉というのがダイハードの問題である。下の長方形にグラフを書いてといてみよう。（１ガロンは約《やく》3.8リットル。答えは本書のどこかにある）

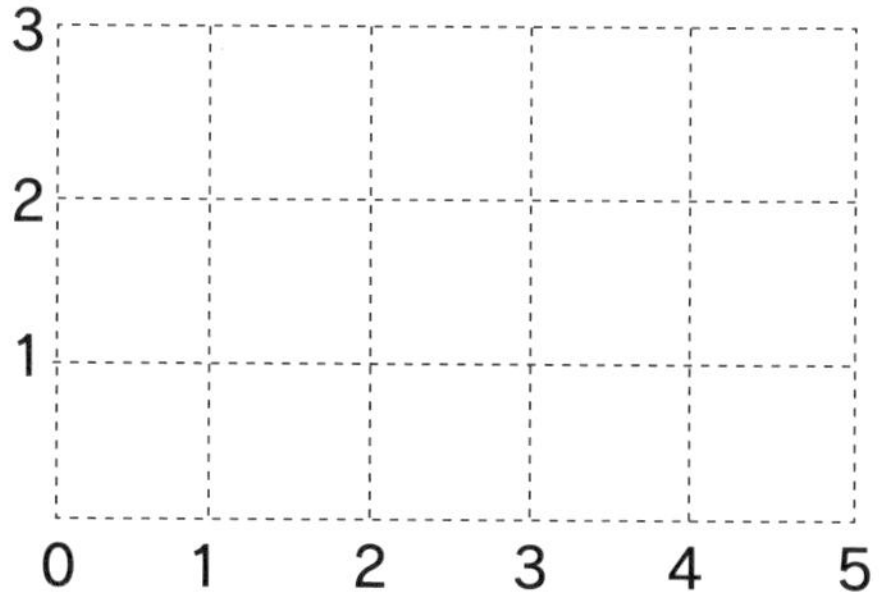

＊＊＊＊＊＊＊＊＊＊＊＊＊＊＊＊＊＊＊＊＊＊＊＊＊＊＊＊＊＊＊＊

倍増《ばいま》し問題

次も古くからある、有名な〈倍増し問題〉とよばれるものです。

■昔、ある金持ちが貧《まず》しい男に、何でも望《のぞ》みを言えと言ったので、「ではお言葉にあまえて、米一粒《ひとつぶ》を一日より三十日まで日ごとに倍々《ばいばい》にしていただきたい」と言った。子どもでもわかるようなことを望むので、金持ちは笑《わら》って、「かんたんなことだ。いつでもあたえてやろう。合計高を言え」といえば、男は計算して俵《たわら》の数を書き記して、即座《そくざ》に得《え》たそうだが、この計算方法《ほうほう》を問う。

『算法少女《さんぽうしょうじょ》』(一七七五年)より

『算法少女』とは、父と娘《むすめ》によって書かれたという設定《せってい》の和算の本です。その本の中では、この問題のとき方が次のように説明《せつめい》されています。

二を三十回かけて一を引き米の総数《そうすう》とする。升法《しょうほう》六万四千八百二十七でこれをわり、石数を得《う》る。あまりは分数にして、俵法《ひょうほう》四斗《と》でわり、俵数を得る。

二を三十回かけたり、見なれない数六万四千八百二十七などが出てきたりしましたが、次のページでその意味を解説《かいせつ》しましょう。

米粒《こめつぶ》の数を初日《しょにち》は米一粒、二日目は二粒、三日目は四粒、四日目は八粒、……、と日ごとに倍々にしていき、一か月（三十日）後の米粒の合計をもとめる問題です。

1粒《つぶ》の小さな米が、あっという間に……

まず、30日後の米粒の数を計算します。これを計算すると、

$$1+2+2^2+2^3+2^4+\cdots\cdots+2^{29}=2^{30}-1$$
$$=1073741823 \cdots\cdots①$$

となります。1升《しょう》の米粒の数を、ここでは64827粒としていますので、この数でわって、

$$1073741823 \div 64827 = 16563\frac{194}{1029}\text{升}$$

また、男は「俵《たわら》でいただきたい」と言っています。1俵《ぴょう》は40升ですので俵に換算《かんさん》すると、16563を40でわって商414あまり3、だから、16563升＝414俵3升になります。したがって、この男が得《え》た米は414俵と$3\frac{194}{1029}$升になります。一人の人間が1年間に食べる米の量《りょう》が1石《こく》（100升）とされていますので、これは一生かかっても食べ切れない量です。なお、米1俵は約《やく》60kgですので414俵は約24840kgとなります。

ところで1升の米粒数を64827とした根拠《こんきょ》は何でしょうか。1升枡《ます》の容《よう》積《せき》は4.9寸《すん》×4.9寸×2.7寸＝64.827立方寸でしたので、昔は升法《しょうほう》を64827（むしやふな）と覚《おぼ》えました。「升法六万四千八百二十七」とあるのはこのことです。

〈1日目〉　〈2日目〉　〈3日目〉　〈4日目〉……〈30日目〉

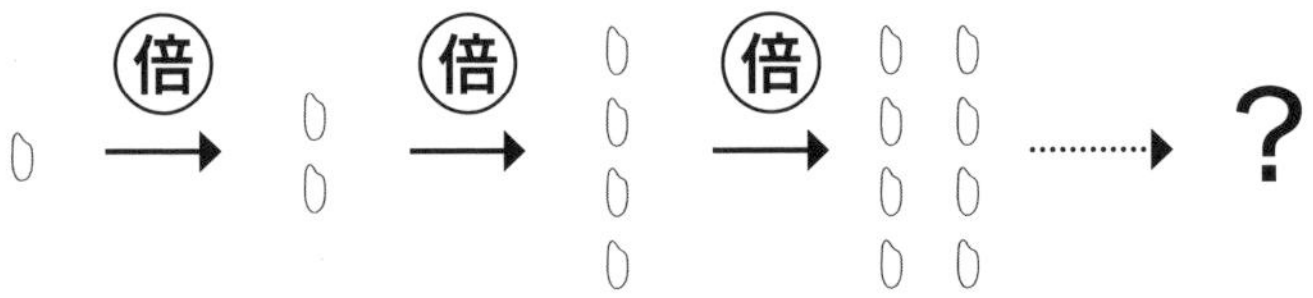

おとなの人もいっしょにどうぞ

①は高校で習う公式で、$1+2+2^2\cdots\cdots+2^{29}=\frac{2^{30}-1}{2-1}$ですが、和算では、図を使って考えたと思われるので、しょうかいしましょう。

30日分の米粒の数を図でしめすと、一辺《いっぺん》の長さが1、2、2^2、……、2^{29}の正方形を書くことになります。

DC《ディーシー》$=1+2+2^2+2^3+\cdots\cdots+2^{29}$です。

B《ビー》C$=$A《エー》C$=2^{29}+2^{29}=2^{30}$

よって、$DC=BC-BD=2^{30}-1$

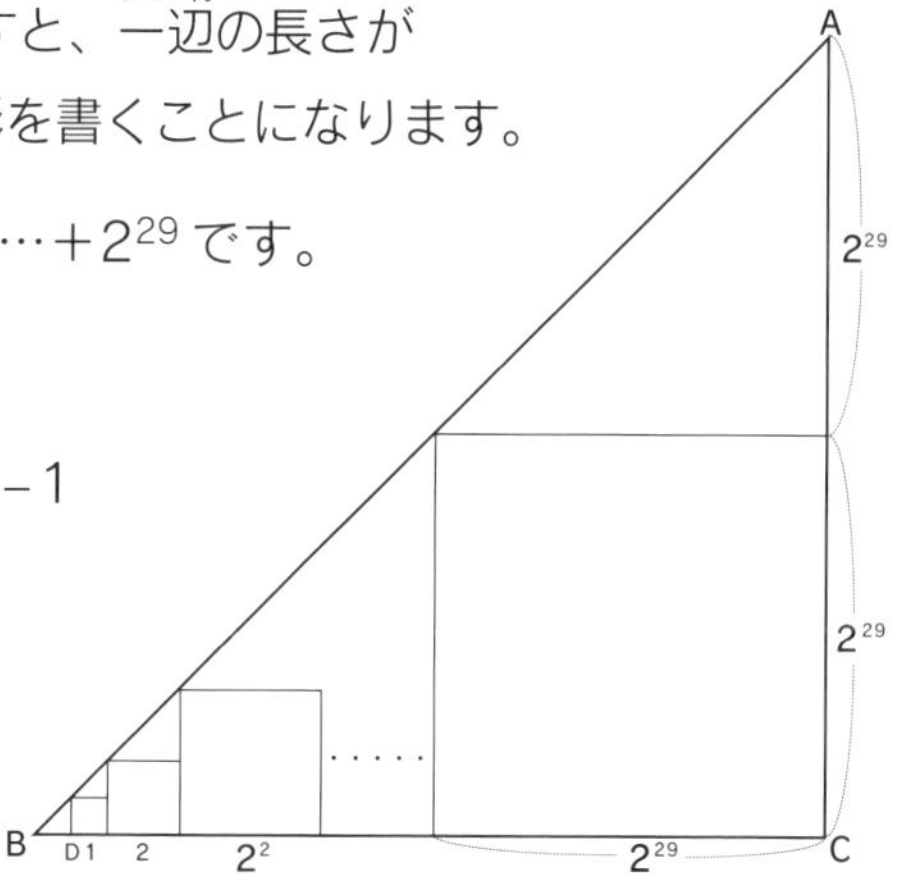

当時一升の米粒は六万〜七万粒とされていましたので、升法を米粒の数としたのです。正確《せいかく》な数字ではありませんが、それほどでたらめな数でもありません。〈むしやふな〉、江戸《えど》時代庶民《しょみん》の知恵ですね。

この倍増《ばいま》し問題は、曽呂利《そろり》新左《しんざ》衛門《えもん》※が手柄《てがら》をたて、豊臣秀吉《とよとみひでよし》からほうびに何がほしいかと聞かれたときの答えで、さすがの太閤《たいこう》秀吉も困《こま》ったという、有名な逸話《いつわ》です（本当かどうかはわかりません）。

※　秀吉に仕えた、とんちのきいた人物

橋《はし》普《ふ》請《しん》※1算《ざん》

現在《げんざい》では橋をつくったり、改修《かいしゅう》したりするのは国（政府《せいふ》）の仕事ですが、江戸《えど》時代には、すべての橋が幕府《ばくふ》（江戸時代の政府）の管理《かんり》ではありませんでした。一部の重要《じゅうよう》な橋だけが幕府によって維持《いじ》され、ほかは町人やお寺、神社などが維持しました。幕府がお金を出してつくられたものを公儀《こうぎ》※2橋《ばし》といい、その他の町の人びとが修理《しゅうり》などにあたる橋は町橋《まちばし》とよばれました。

江戸の両国橋《りょうごくばし》、京都の三条大橋《さんじょうおおはし》、大阪《おおさか》の天神橋《てんじんばし》などは公儀橋です。江戸・京都は公儀橋が多かったのですが、「八百八橋《はっぴゃくやばし》」といわれるほどたくさんの橋がある大阪では公儀橋はわずか十二で、ほかはすべて町橋でした。公儀にたよらない大阪商人の心意気といったところでしょうか。このことを頭において、次の算題を見てください。

■二つの橋の改修にかかった費用《ひよう》は全部で銀四百二十四枚《まい》である。この費用を十四の町で分担《ぶんたん》する。二つの橋の中に四つの町、橋の東に三つの町、橋の西に七つの町がある。負担額《ふたんがく》は中の四町は同額とし、橋の外側《そとがわ》の町は橋から離《はな》れる順《じゅん》に銀四枚ずつ少なくなるものとする。中の四町はそれぞれいくら負担することになるか。

『算法稽古図会大成《さんぽうけいこずえたいせい》』（一八三一年）より

橋の改修費用に関《かん》する算題で、ここでは〈橋普請算〉としておきます。

※1　普請とは、みんなが使うものをつくったり修理して守ったりすること。
※2　政府の権力《けんりょく》をもっているところ。ここでは江戸政府。

グラフで考える橋普請算《はしふしんざん》

この問題も図にして考えるとわかりやすいです。

全部で14の町があり、銀424枚《まい》をこの14町で分担《ぶんたん》するのです。中の町４つ(図の灰色《はいいろ》の部分)の負担額《ふたんがく》は同じで、橋の外側《そとがわ》の町は橋から遠ざかる順《じゅん》に銀４枚ずつ負担を減《へ》らすとしています。グラフで見ると、東西10の町の減額分《げんがくぶん》は図の白い部分にあたり、銀で

４＋８＋12＋16＋20＋24＋28＋４＋８＋12＝136枚

です。14の町が負担する424枚に、この減額分の136枚を加《くわ》えると、グラフのへこんでいるところがなくなって四角ABCD《エービーシーディー》になります。次に、その四角全体を町の数14でわれば、(424＋136)÷14＝40枚となり、これが中の４つの町それぞれの負担額となります。

答え　銀40枚

外側の町の負担額は、銀40枚からそれぞれの減額分を引けばわかりますね。

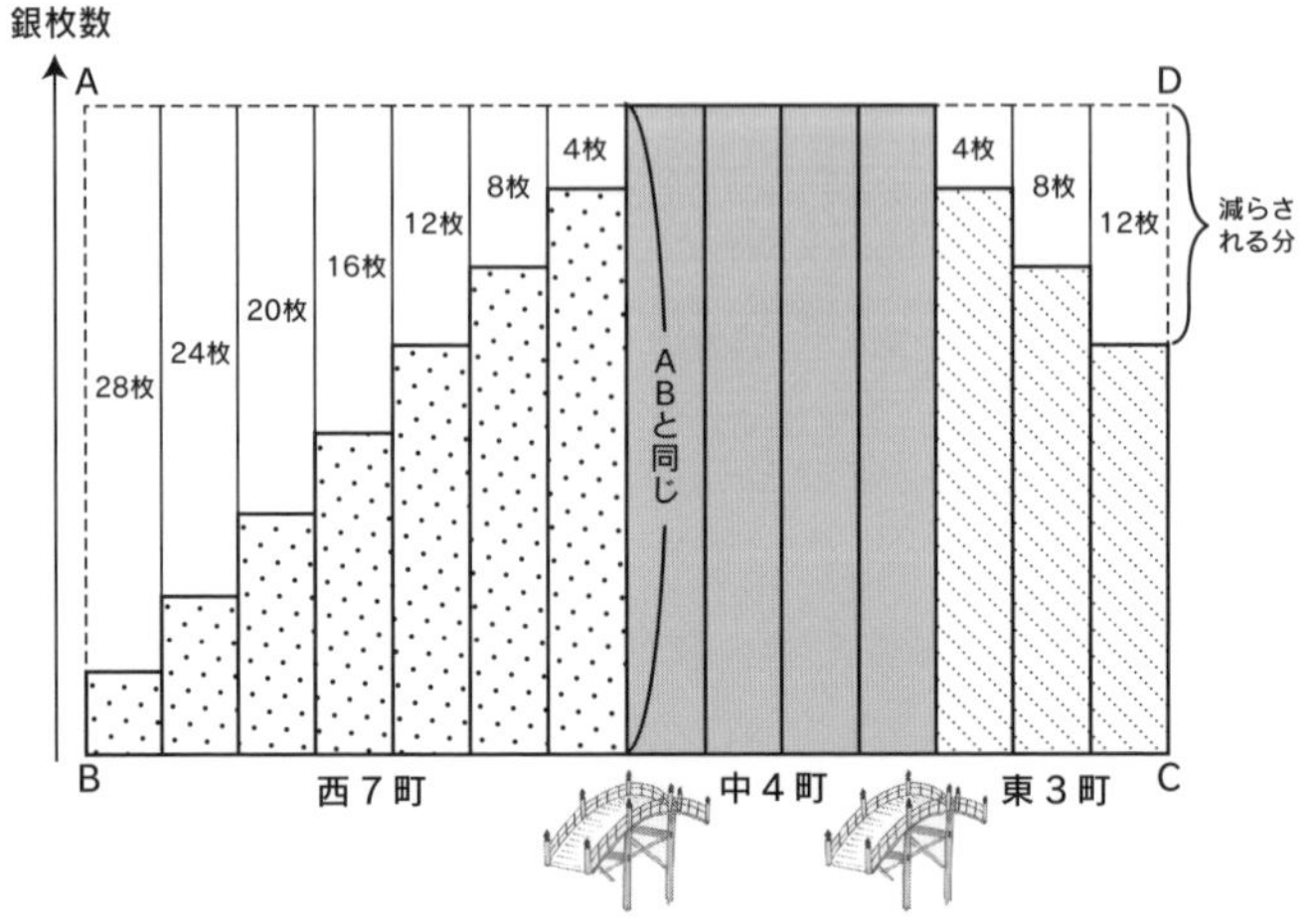

大阪《おおさか》の代表的《だいひょうてき》な町橋《まちばし》に心斎橋《しんさいばし》があります。『日本歴史地名大系《にほんれきしちめいたいけい》』（平凡社）によると、心斎橋の享保《きょうほう》九年（一七二四年）の修理総額《しゅうりそうがく》は銀四貫《かん》八百三匁《もんめ》で、すべての経費《けいひ》の半分を橋本町の二つの町で負担し、のこりを心斎橋筋《すじ》の二十の町で橋から遠くなるほど一割《わり》ずつ減額して負担した、とあります。橋普請算は架空《かくう》の算題ではなく、切実な現実《げんじつ》問題だったことがわかります。

円規《こんはす》の術《じゅつ》

和算でも、図形を描《えが》く道具は現在《げんざい》と同じ定規《じょうぎ》やコンパスです。定規やコンパスを使って図形を描くことを、作図といいます。

村井中漸《むらいちゅうぜん》という人が書いた『算法童子問《さんぽうどうじもん》』（一七八四年）には、全部で三十ほどの作図問題があり、円規には〝こんはす〟とかながふられています。コンパスのことです。そして作図法《ほう》のことを〈円規の術〉とよんでいます。コンパスは〈渾發《こんぱす》〉と書いたり、〈ぶん廻《まわ》し〉と言ったりします。

この節《せつ》では『算法童子問』から作図法を三つしょうかいします。

■その1　正三角形の描き方

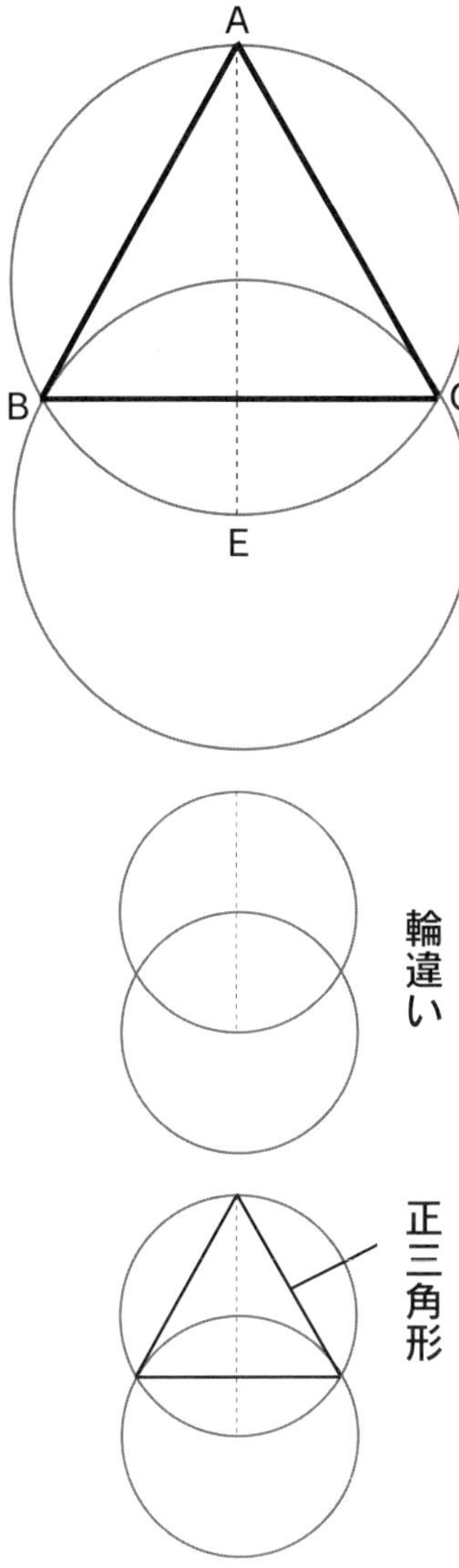

一つの円の直径《ちょっけい》AE《エーイー》を引き、Eを中心にして同じ半径《はんけい》の円を描く。このようにしてできた二つの交わった円を〈輪違《わちが》い〉といいます。輪違いの交点B《ビー》、C《シー》とAを結《むす》ぶと正三角形になります。

■その2　正方形の描《えが》き方

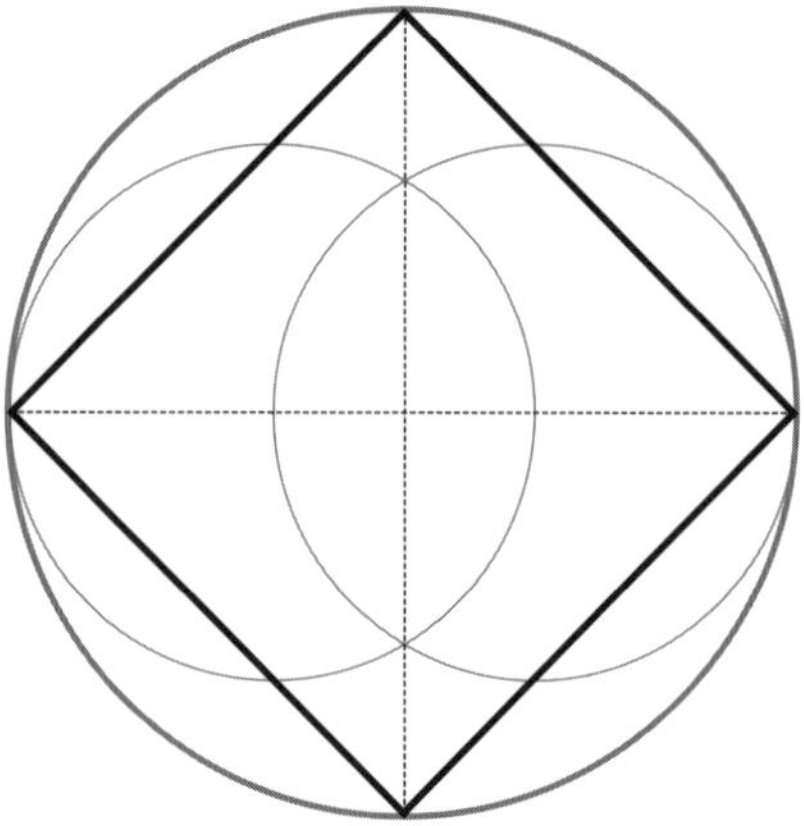

①

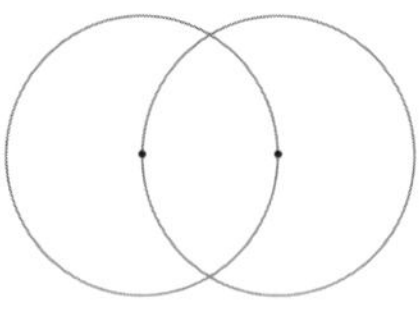

前ページの方法で輪違いを描く。

②

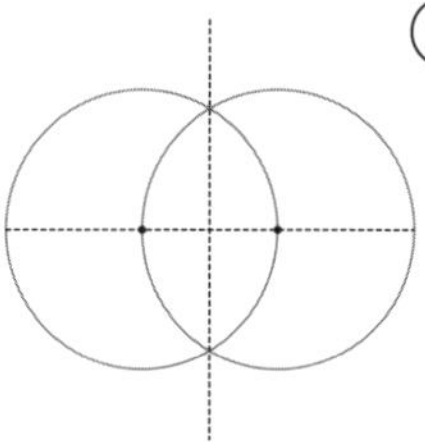

円の交わった点と、円の中心をそれぞれ結んで、十字を描く。

③

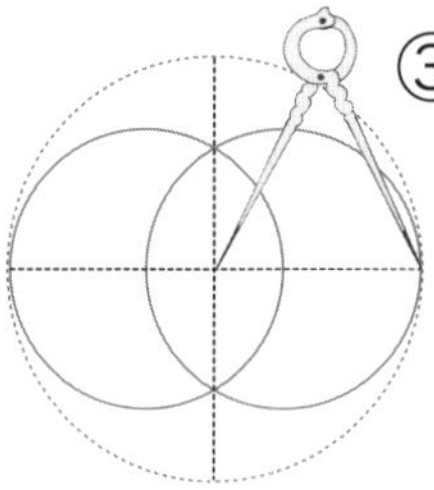

十字の中心にコンパスを立てて、外円を描く。

④

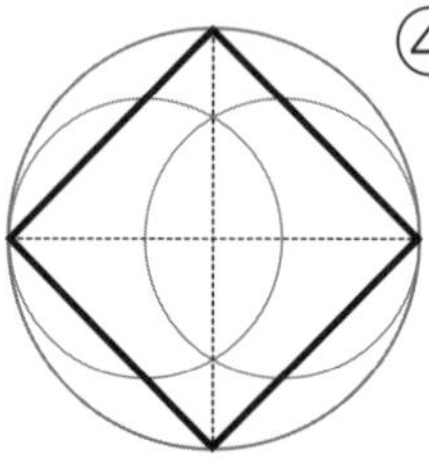

外円のまわり十字が当たるところを結ぶ。

その1の方法《ほうほう》で等しい大きさの円（等円といいます）の輪《わ》違《ちが》いを描き、点線の十字を引く。十字の中心にコンパスを立てて外円を描き、その周《しゅう》の十字に当たるところ四か所を結《むす》べば正方形ができる。これもおもしろい作図法です。もう一つ、めずらしい術《じゅつ》〈正九角形の描き方〉です。

■その3　正九角形の描き方

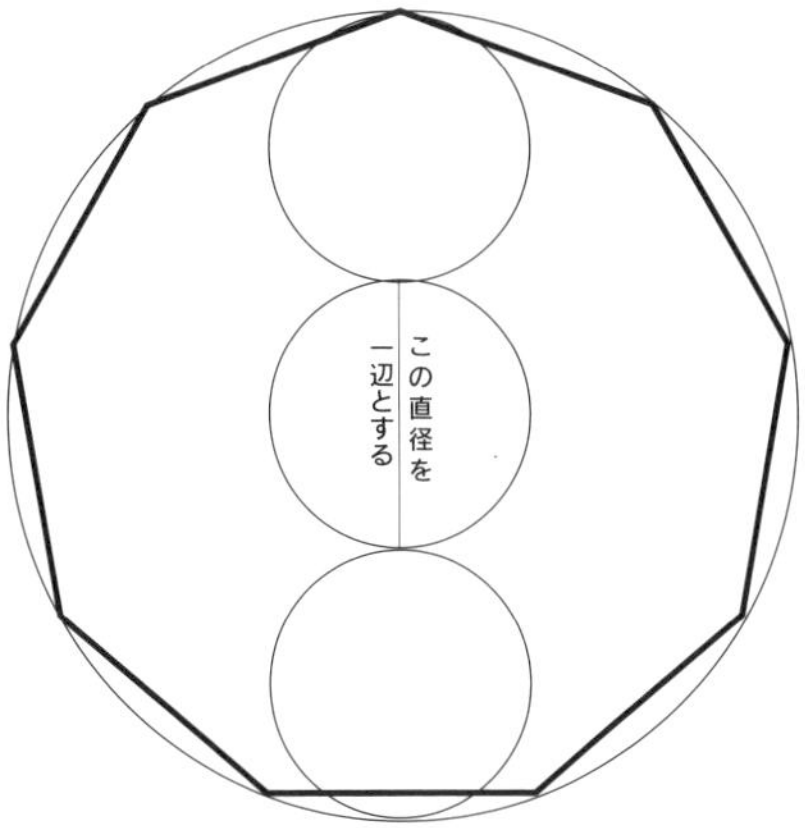

等円三個《こ》分を直径《ちょっけい》とする外円を描き、等円の直径の長さにコンパスを開き、外側《そとがわ》の円の周長《しゅうちょう》を区切《くぎ》り、印《しるし》をつけます。それらの印を結べば正九角形ができる、というものです。これはおおまかな作図です。この方法で描くと、外円の直径を1としたとき、正九角形の一辺《いっぺん》の長さは0・333となります。実《じっ》際《さい》の一辺の長さは0・342ですので、かんたんな割《わり》には精度《せいど》が高い術である

①

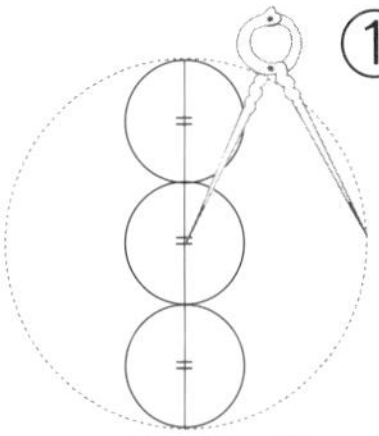

直線上に、直径が同じ長さの円を3つ描き、真ん中の円の中心にコンパスを立てて外円を描く。

②

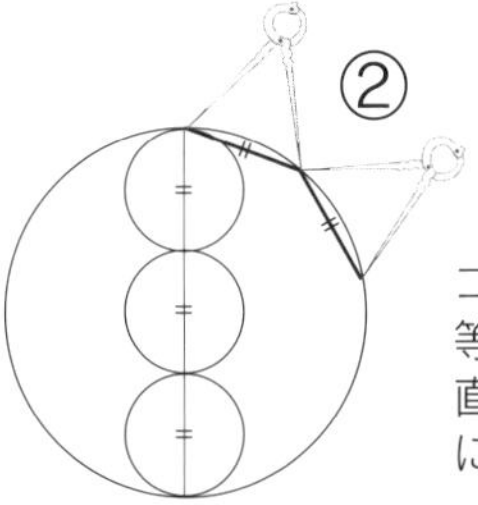

コンパスを使って、等円（小さい円）の直径と同じ長さごとに外円を区切る。

③

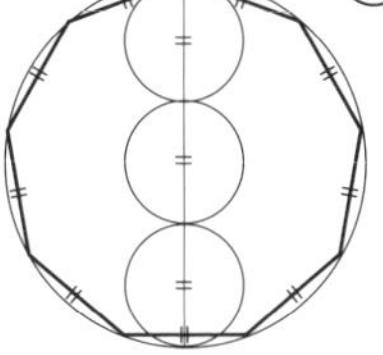

区切った点を結ぶ。

ことがわかります。
『算法童子問《さんぽうどうじもん》』にはこのような方法《ほうほう》で、正二十角形までの描《え》き方《が》がのっています。

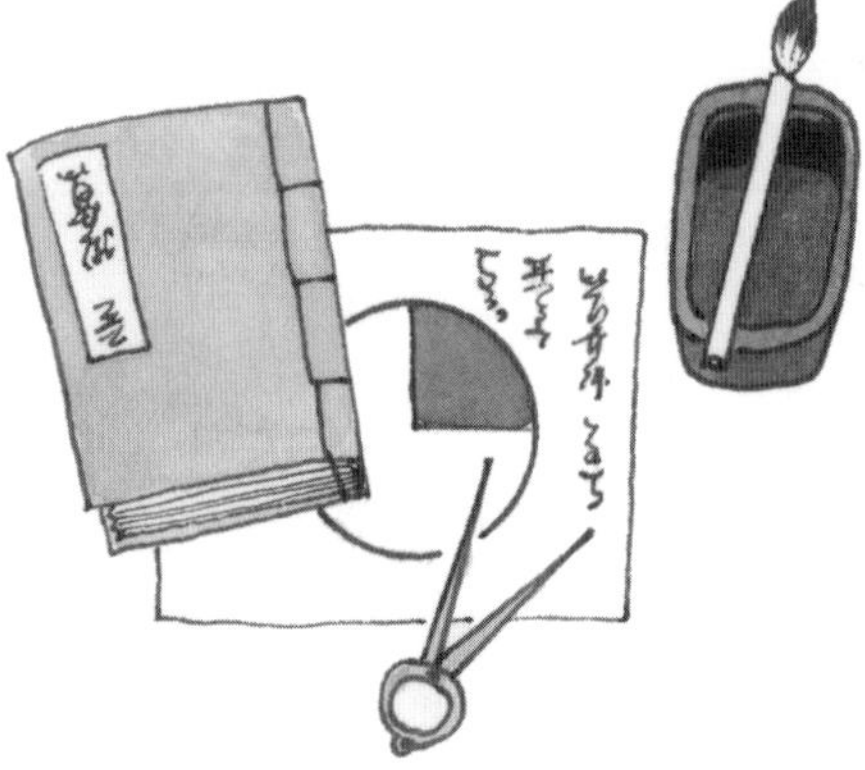

第四章　算学の心得《こころえ》

みなさんは、算数が好《す》きですか。
なぜ、算数を勉強するのか、考えたことはありますか。

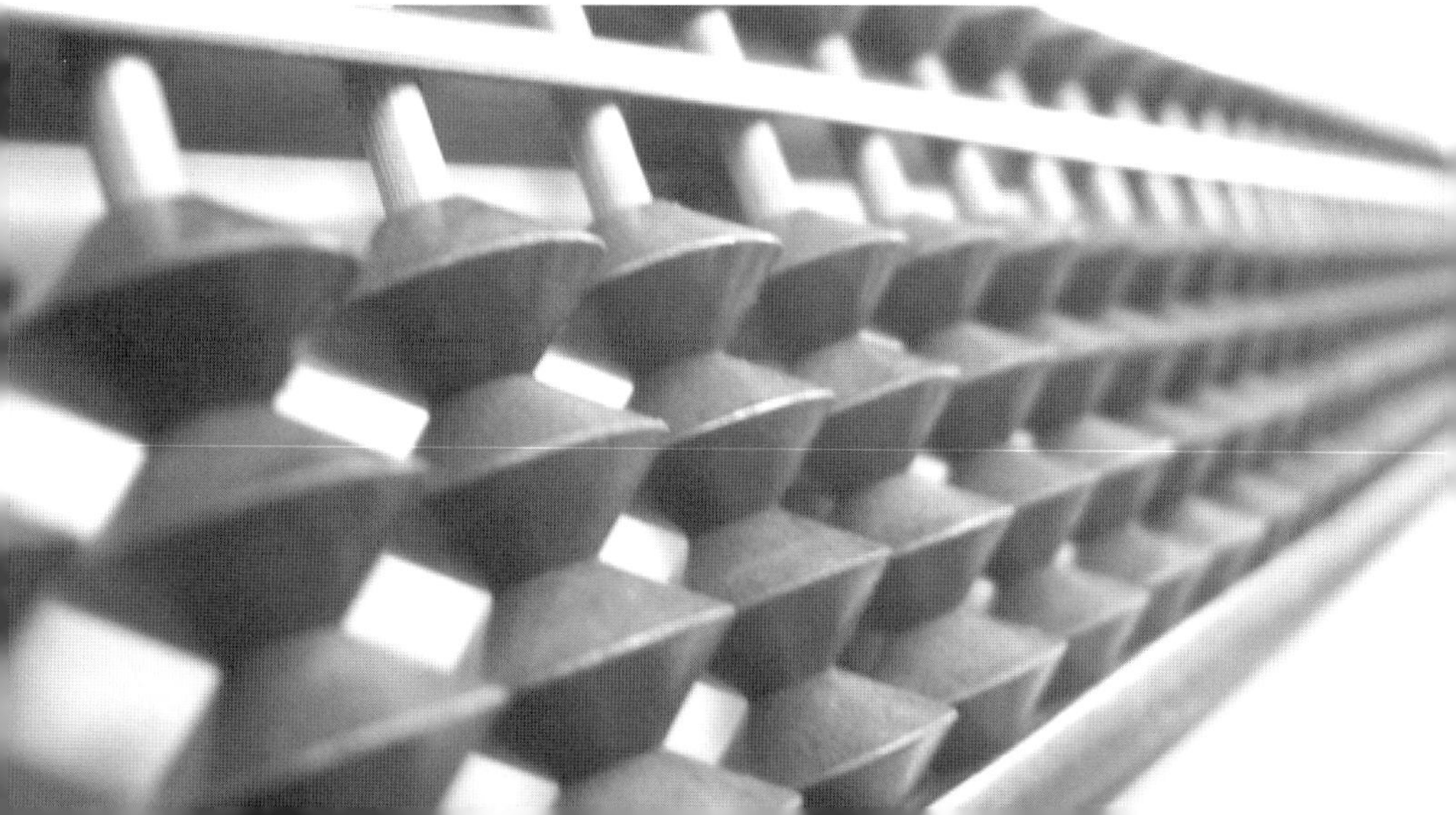

和算ワールドもラストステージに近づいてきました。本書は小学生を対象《たいしょう》に書いていますが、和算でも江戸時代の子ども向けに書かれた書物がいくつかあります。

■その1『勘者御伽双紙《かんじゃおとぎぞうし》』・『算法童子問《さんぽうどうじもん》』

前章にも出てきた『算法童子問』などがその代表でしょう。文字通り〈童子＝子ども〉のための算法です。その前書きには〈童子と問答して、無益《むえき》より有益《ゆうえき》に導《みちび》き、浅《あさ》きより深《ふかき》に至《いた》らしむ〉と書かれています。「役に立つ有益な問題でじっくり深く考えられるようにしよう」というような意味です。著者《ちょしゃ》の村井中漸《むらいちゅうぜん》は中根彦循《なかねげんじゅん》という人の弟子《でし》ですが、中根も『勘者御伽双紙』という数学遊戯本《ゆうぎぼん》を書いています。これにもやはり〈おさな子のもてあそびとす〉とあります。村井は〈算法童子問はわたしの先生が書いた勘者御伽双紙の続編《ぞくへん》をとたのまれて書いたものだ〉といっています。どちらも子ども向きとなっていますが、数学的《てき》にもしっかりとした内容《ないよう》になっています。

■その2『絵本工夫之錦《えほんくふうのにしき》』

寛政《かんせい》十年（一七九八年）に船山輔之《ふなやますけゆき》が『絵本工夫之錦』という本を書いていますが、これは子どもをよろこばすための和算絵本です。その前書きで次のように書いています。

算は人として此道《このみち》を知らずんばあるべからず。爰《ここ》に童子のもて遊《あそ》ぶ算題を作りて画上に題し好餌《こうじ》※を以《もっ》て算道に釣《つり》の導《みちびき》とす。

「算法は人として必《かなら》ず知っておかなければならないことだ。ここに子どもたちがよろこびあそぶ算数の問題を絵とともにつくり、数学への興味付《きょうみづ》けとなるようにする」という意味です。江戸《えど》時代も子どもたちに興味をもたせるために苦労《くろう》していたようです。

※　うまい手段《しゅだん》

■その3『精要算法《せいようさんぽう》』

関流《せきりゅう》を代表する和算家・藤田貞資《ふじたていし》が書いた本に『精要算法』天明《てんめい》元年（一七八一年）があります。これは子ども向けではありませんが、和算を代表する名著《めいちょ》の一つとされています。『精要算法』の問題をとくことは当時の和算家のうでだめしとされ、〝精要算法注解《ちゅうかい》〟、つまり解説書《かいせつしょ》を著《あらわ》す人もたくさんいました。本書を有名にしているもう一つの理由は、その本のはじめにある次の言葉です。ここでは、現代《げんだい》の言葉に直したものを記してみましょう。

近ごろの算術《さんじゅつ》には「用の用」、「無用《むよう》の用」、「無用の無用」がある。「用の用」とは、世の中の役に立つもののすべてである。「無用の用」とは、すぐさま役に立つものではないが、勉強することによって、いずれは役立つものの助けとなるものである。「無用の無用」とは、最近《さいきん》の算術の本に見られるように、問題のための問題、いたずらに奇妙《きみょう》にした問題、ことさら複雑《ふくざつ》にした問題などをつくり、自分の奇行《きこう》（風変《ふうが》わりなふるまい）を誇《ほこ》らしげにじまんしているもので、むだなことだ。

現代《げんだい》にも通用する名言です。

数学や算数は、ともすれば〈無用の無用〉となりがちです。受験《じゅけん》のためだけに勉強する数学では〈無用の無用〉で終わってしまうでしょう。数学はすぐ役立つものではありませんが、気長に勉強することできっと何かの〈用〉になるのです。数学教育は〈無用の無用〉ではなく、〈無用の用〉となりたいものです。ということで、本書であつかった算題はすべて〈無用《むよう》の用〉と思えるものです。〈無用の用〉を楽しめましたでしょうか?

■その4『広用算法大全《こうようさんぽうたいぜん》』

藤原徳風《ふじわらとくふう》という人が文政《ぶんせい》九年(一八二六年)に『広用算法大全』という本を書いています。著者《ちょしゃ》の藤原徳風はいわゆる〈和算家〉ではなく大阪《おおさか》の画家です。画家が和算書を書いているということで、ちょっとめずらしく、よく読むとほかの算術書《さんじゅつしょ》とは少し雰囲気《ふんいき》が異《こと》なった書物です。冒頭《ぼうとう》で〈算学之心《さんがくのこころ》得《え》〉という次のような文章と、百三十二ページの図のような挿絵《さしえ》が添《そ》えられていています。そろばんの指南《しなん》を受けている図です。著者徳風は画家だけあって、このような絵がたくさん描《えが》かれています。

算学之心得

夫《それ》算術は其道無窮《そのみちむきゅう》※1にして奥深《おくぶか》く修練《しゅうれん》するには誠《まこと》にむつかしき芸《げい》なれども唯《ただ》人々日用に事闕《ことか》くまじきほどの稽古《けいこ》は至《いたっ》ても容易《やす》きものなり。先《まず》八算見一《はっさんけんいち》※2の掛割《かけわり》を覚《おぼ》へ《(え)》たれば金銀銭《せん》の両替《りょうがえ》、次に各《おのおの》其家業に用ゆべき算法《さんぽう》を覚ゆべし。是《これ》にて先其家々日用の算は事足《ことた》るべし。然《しか》れども是程《これほど》の稽古にては掛割の何ゆえ斯《こう》するといふ《(う)》理《ことわり》が分《わか》らぬものなり。其理を解《とか》んと思は《(わ)》ばせめて天元術迄《てんげんじゅつまで》は学ぶべし。但《ただ》し初心《しょしん》の人は天元などいへ《(え)》ば早むつかしきやう《(よう)》に思へ《(え)》ども少《すこ》く術意《じゅつい》を理會《がてん》すれば女児算《めのこざん》※3のごとくけっく心安きものにて算術の規矩《きく》※4此《ここ》に初《はじま》り、其益最大《そのえきさいだい》なり。蓋修学《けだししゅうがく》の浅深《あさきふかき》は其人々の心によるべけれどいづ《(ず)》れ男子たる者は雅俗《がぞく》※5ともに心がけ学ばずんばあるべからざる道なり。

現代《げんだい》の言葉にしてみましょう。

「算術《さんじゅつ》の道は果《は》てしなく、奥深《おくふか》く、上達《じょうたつ》するにはたいへん難《むずか》しい芸《げい》であるが、日々の計算に事欠《ことか》かない程度《ていど》の稽古《けいこ》ならばたいへんかんたんです。かけ算、わり算を覚《おぼ》えたら、お金の計算、仕事に使うべき算法《さんぽう》を覚えればよろしい。これで日ごろ使う計算、仕事の計算は十分です。しかし、この程度の稽古では、かけたり、わったりをなぜそうするかという理屈《りくつ》はわからない。その理屈を理解しようと思うならせめて、天元術《てんげんじゅつ》（方程式《ほうていしき》、二十ページ参照《さんしょう》）までは学ぶべきだ。初心者《しょしんしゃ》は方程式などといえばむずかしいように思

『広用算法大全《こうようさんぽうたいぜん》』〈算学之心得《さんがくのこころえ》〉

うが、ちょっとコツをつかめば目の子算のように親しみやすいものである。数学の基礎《きそ》はここからはじまり、非常《ひじょう》に役立つのである。勉学の深さはその人それぞれであるが、人間たるもの必《かなら》ず学ばなければならない道である。」

名言です。どの本でも数学は人として知っておかなければならないものだ、と言っていますが、全員同じ規準《きじゅん》で評価《ひょうか》する現代《げんだい》の教育とちがい、江戸《えど》時代は各人《かくじん》が思い思いに自分にあった勉強を楽しめばよいのだ、としています。〈修学《しゅうがく》の浅深《あさきふかき》は其《その》人々の心によるべけれど〉からそのことがうかがえます。

《実用としての算術だけで十分だが、その数理※6も理解《りかい》しておけばきっと役に立つ。人それぞれに応《おう》じて楽しもう》

この言葉をおとなも含《ふく》めたすべての読者に贈《おく》り、本稿《ほんこう》を終えることにします。

※1　きわまりがないこと、はてしないこと
※2　そろばんによるかけ算やわり算のこと
※3　そろばんや筆算《ひっさん》などによらず、数量《すうりょう》などを目で確《たし》かめながら概算《がいさん》すること。
※4　規則《きそく》、規準《きじゅん》
※5　風雅《ふうが》なことと卑俗《ひぞく》（上品なものと俗《ぞく》っぽいもの）
※6　数学の理論《りろん》のこと

エンドロール（あとがき）

〈和の数学〉は楽しめましたでしょうか。小学生には少しむずかしい部分があったかもしれません。ぎゃくにおとなの方には迂遠《うえん》（まわりくどいこと）になっていることも多いでしょうが、ご容赦《ようしゃ》ねがいます。

学校の算数とのちがいにおどろいた人、あるいは現代《げんだい》と同じようなことを考えていることにびっくりした人など、さまざまでしょう。いずれにしても小学生のみなさんはこれから中学、高校とさらに高度な数学を勉強しなければなりません。〝高度な数学〟とは文字式などを使い、よりいっぱん的《てき》に考える（むずかしく言うと抽象的《ちゅうしょうてき》に考える）ということです。何ごともそうですが、いっぱん的に考えるときは、具体例《ぐたいれい》を知っていなければなりません。かんたんな例《れい》をたくさん知り、そこからいっぱん法則《ほうそく》を見つけていくのです。

この本であつかったいろいろな和算の術《じゅつ》は、これからの数学を学ぶ上での具《ぐ》体例《たいれい》となるようなものを選《えら》んだつもりです。

和算には数学以外《いがい》にいろいろな面があります。和算を知ることで、これまでとちょっとちがった江戸《えど》時代が見えたのではないでしょうか。そして何よりも〝算法《さんぽう》を楽しむ人びと〟の姿《すがた》を感じ取ってほしいです。

〝読み・書き・そろばん〟といわれるように、日本人は昔から読み書きも計算も得意《とくい》でした。江戸時代に数学文化が花開いたことも当然《とうぜん》の結果《けっか》だったように思います。当時、こんなにも数学が世の中に行き渡《わた》った国はほかには見当たりません。和算は単《たん》に「数学」というだけではなく、江戸時代の「文化」だったのです。世界に類《るい》を見ない「数の文化〈和算〉」が世界遺産《いさん》になればいいな、とも思っています。

最後まで読んでいただきありがとうございました。

末筆《まっぴつ》になりましたが、少年写真新聞社編集部《へんしゅうぶ》藤田千聡、山部富久美さんにはたいへんお世話になりました。ここに御礼《おんれい》申し上げます。

于時平成廿七乙未歳皐月《ときにへいせいにじゅうしちきのとひつじどしさつき》　大和國《やまとのくに》住人・二代目　福田理軒《ふくだりけん》　謹識《つつしんでしるす》

【解答《かいとう》】

［鶴亀算《つるかめざん》］(28ページ)　キジ23羽、ウサギ12羽

下の図を見てください。長方形ABGF《エービージーエフ》の面積《めんせき》がウサギの足の数、長方形E《イー》GCD《シーディー》の面積がキジの足の数とします。

キジ１羽の足の数２へ頭数35をかけると70（灰色《はいいろ》の長方形)。全体の足数94より70を引くと、のこり24（斜線《しゃせん》の長方形）となります。ウサギ１羽とキジ１羽の足数の差《さ》は２なので、24を２でわると、ウサギの数になります。

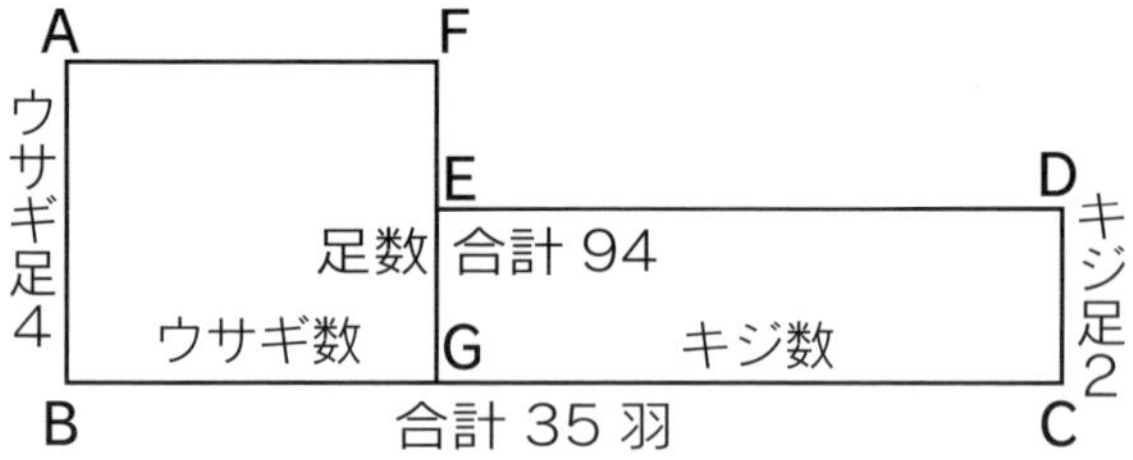

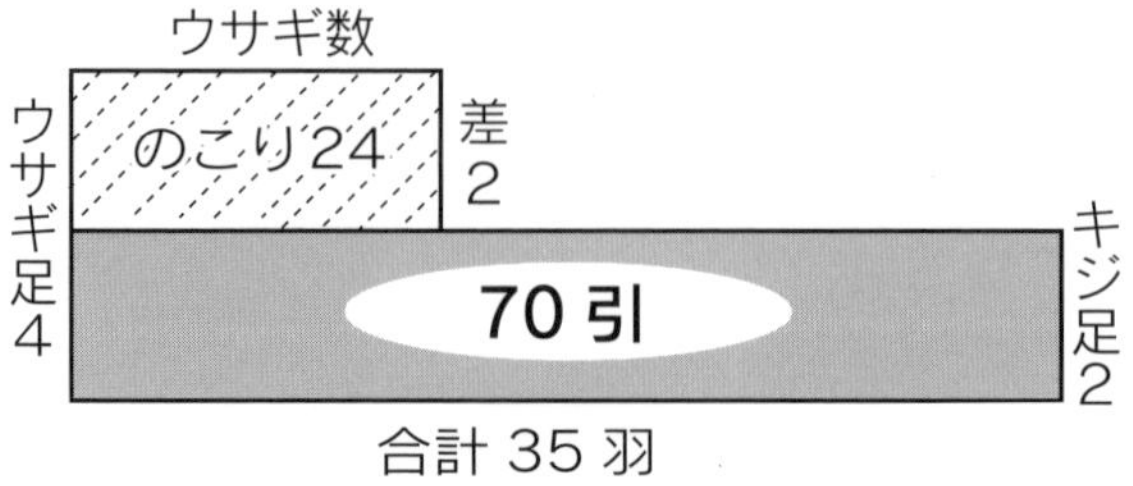

［百五減算《ひゃくごげんざん》］(29ページ)

問題の条件《じょうけん》をみたす数は23以外《いがい》にも、105を順《じゅん》に加《くわ》えていった128、233、338、……、などすべてが答えにできます。105は３でも、５でも、７でもわり切れるからです。『孫子算経《そんしさんけい》』のようにただ数字を当てるだけなら答えが無数《むすう》にあるので、おもしろくありません。そこで年齢《ねんれい》当てゲームにするのはどうでしょう。相手の年齢を３、５、７でわったあまりを聞いて年齢を当てます。

《３でわったあまりが１、５でわったあまりが４、７でわったあまりが６》ならば、１×70＋４×21＋６×15＝244と計算し、244を105でわったあまり34が相手の年齢です。105でわったあまりは104以下《いか》になりますので、年齢として使えます。まわりの人でためしてください。きっとおどろかれることでしょう。

[裁《た》ち合わせ]（89ページ）

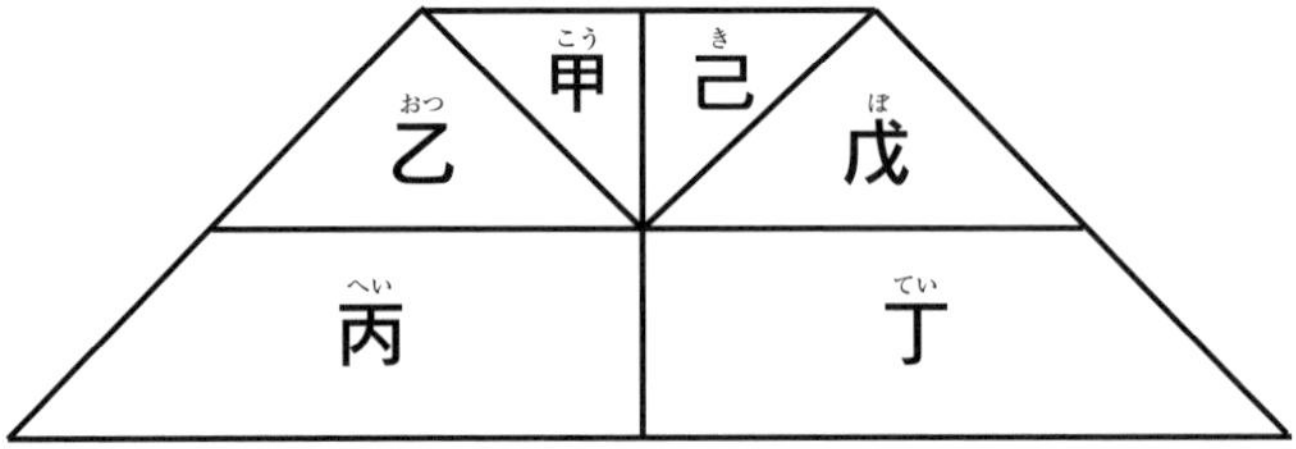

[油分け算]（111ページ）

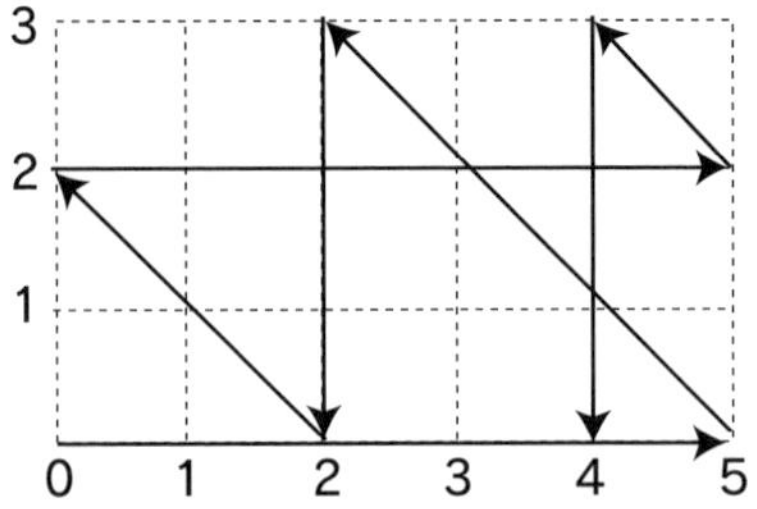

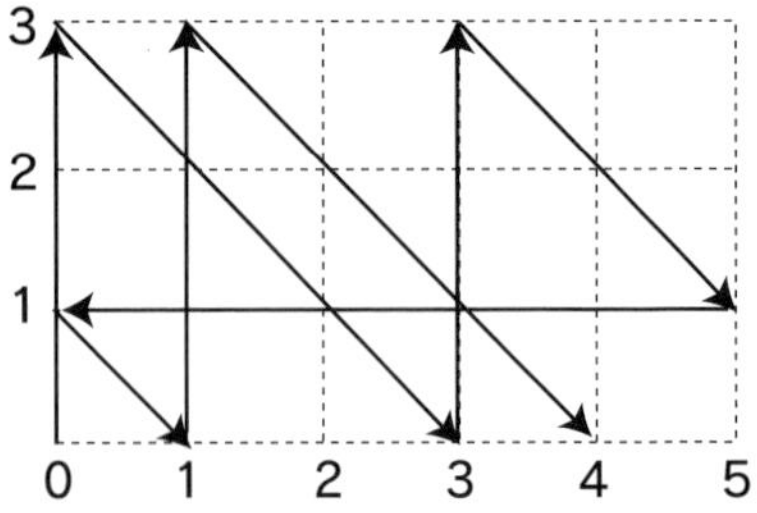

関連《かんれん》図書とウェブサイト

《和算の絵本》

［1］『江戸の算数』（一・二・三）西田知己、汐文社、二〇一一

［2］『親子で楽しむこども和算塾』西田知己、明治書院、二〇〇九

［3］『和算』佐藤健一、文渓堂、二〇〇六

《わらべうたと物語でつづるたのしい算数》

［4］『小町算と布ぬすっと算』山崎直美、さ・え・ら書房、一九八八

《大人から子どもまでの和算入門書》

［5］『ススメ！ 算法少年少女』小寺裕、みくに出版、二〇一三

《和算の児童文学》

［6］『算法少女』遠藤寛子、筑摩書房、二〇〇六

［7］『天と地を測った男 伊能忠敬』岡崎ひでたか、くもん出版、二〇〇三

［8］『月のえくぼを見た男 麻田剛立』鹿毛敏夫、くもん出版、二〇〇八

［9］『星空に魅せられた男 間重富』鳴海風、くもん出版、二〇一一

《コミック本》

［10］『算法少女』（1）、秋月めぐる／（原作）遠藤寛子、リイド社、二〇一二（［6］のコミック版）

［11］『和算に恋した少女』（1・2・3）、風狸けん 作画／（脚本）中川真、小学館、二〇一三

［12］『天地明察』（一・二・三・四・五）、槙えびし 漫画／（原作）冲方丁、講談社、二〇一一

《ウェブサイト》

［13］「和算の館」http://www.wasan.jp/

【本稿に使用した算書画像はすべて筆者蔵によるものである。】

さくいん

言葉	読み方	分類	内容	ページ
あ行				
会田安明	あいだやすあき	人名	1747年～1817年　最上流をおこす	68
油分け算	あぶらわけざん	用語	油を枡で分けるパズル的問題	106
遺題	いだい	用語	答えを付けず、世に解答を問う問題	63
遺題継承	いだいけいしょう	用語	遺題をリレー式に次つぎと受け継いでといていくこと	63
入れ子算	いれこざん	用語	入れ子になっているものに関する問題	103
岩田清庸	いわたせいよう	人名	1810年～1870年	74
絵本工夫之錦	えほんくふうのにしき	書名	1798年　船山輔之著、子ども向け和算絵本	127
円周率	えんしゅうりつ	用語	円周の直径に対する比率	58
か行				
開平術	かいへいじゅつ	用語	正方形の面積から一辺の長さを計算する術	54
勘者御伽双紙	かんじゃおとぎぞうし	書名	1743年　中根彦循著の数学遊戯本	84, 126
幾何学	きかがく	用語	図形に関する数学	10
九章算術	きゅうしょうさんじゅつ	書名	古代中国（1世紀ごろ）の算書	24
勾股弦の術	こうこげんのじゅつ	用語	ピタゴラスの定理の和算名	15, 50
広用算法大全	こうようさんぽうたいぜん	書名	1826年　藤原徳風著	130
さ行				
坂部広胖	さかべこうはん	人名	1759年～1824年	28
算額	さんがく	用語	数学の絵馬	72
算学啓蒙	さんがくけいもう	書名	1299年に書かれた中国の算書。和算に大きな影響をあたえた	24
算俎	さんそ	書名	1663年　村松茂清著。円周率の計算方法をしめした最初の本	58
算法稽古図会大成	さんぽうけいこずえたいせい	書名	1831年	42, 117
算法少女	さんぽうしょうじょ	書名	1775年　壷中隠者（千葉桃三）著	112
算法新書	さんぽうしんしょ	書名	1830年　千葉胤秀著	96
算法図解大全	さんぽうずかいたいぜん	書名	1848年	100
算法点竄指南録	さんぽうてんざんしなんろく	書名	1815年　坂部広胖著	28
算法童子問	さんぽうどうじもん	書名	1784年　村井中漸著の数学遊戯本	120, 126
算法勿憚改	さんぽうふつだんかい	書名	1673年　村瀬義益著	73
諸勘分物	しょかんぶもの	書名	1622年　百川治兵衛著	92
塵劫記	じんこうき	書名	吉田光由著のベストセラー和算書	38
杉形算	すぎなりざん	用語	俵を二等辺三角形や台形に積み重ね、何俵あるかをもとめる問題	99
精要算法	せいようさんぽう	書名	1781年　藤田貞資著。〈無用の用〉で有名	128
関孝和	せきたかかず	人名	1640？年～1708年　『発微算法』などを書く	60, 65
た行				
建部賢弘	たけべかたひろ	人名	関孝和の弟子。『発微算法演段諺解』などを書く	60, 65
裁ち合わせ	たちあわせ	用語	タングラムパズルのこと	84
町見術	ちょうけんじゅつ	用語	測量術のこと	46
な行				
盗人算	ぬすびとざん	用語	過不足算のこと	95
は行				
倍増し問題	ばいましもんだい	用語	倍々にふえていくものを数える問題	112
橋普請算	はしふしんざん	用語	橋の修理費に関する問題	116
百五減算	ひゃくごげんざん	用語	わったあまりを知って、もとの数をもとめる術	29
藤田貞資	ふじたていし	人名	1734年～1807年	68, 128
ま行				
松永良弼	まつながよしすけ	人名	1692年～1744年	60, 69
村瀬義益	むらせよします	人名	？～？	73
村松茂清	むらまつしげきよ	人名	1608年～1695年	58, 62
毛利重能	もうりしげよし	人名	『割算書』の著者。〈和算の祖〉とよばれる	37
や行				
山路主住	やまじぬしずみ	人名	1704年～1772年	70
吉田光由	よしだみつよし	人名	1598年～1672年　『塵劫記』の著者	38
わ行				
和漢算法大成	わかんさんぽうたいせい	書名	1695年　宮城清行著	103
和国知恵較	わこくちえくらべ	書名	1727年　環中仙著のパズル本	90
和算の館	わさんのやかた	用語	筆者運営のホームページ　http://www.wasan.jp	75
割算書	わりざんしょ	書名	1622年　毛利重能著。最古の和算書	37

著　者　小寺 裕（こてら ひろし）

1948年、大阪府大阪市天王寺区生まれ。信州大学理学部数学科卒業。

2006年に、二代目福田理軒を襲名。

現在、日本数学史学会運営委員長。東大寺学園中学校・高等学校教諭を長く務め、授業で算題を扱うなど、数学教育における和算の可能性に注目している。全国の算額調査も鋭意継続中。

著書に、『和算書「算法少女」を読む』（筑摩書房、2009）、『江戸の数学　和算：創意工夫で数はもっと楽しめる！』（技術評論社、2010）、『ススメ！　算法少年少女　たのしい和算ワールド』（みくに出版、2013）ほか、多数。

装丁・本文イラスト　まえだみちこ

写真提供　小寺 裕

日本の算数

和算って、なあに？

2015年12月15日　初版第１刷発行
2016年９月１日　初版第２刷発行

著　者　小寺 裕

発行人　松本 恒

発行所　株式会社 少年写真新聞社

〒102-8232　東京都千代田区九段南４-７-16 市ヶ谷ＫＴビルⅠ

Tel（03）3264-2624　Fax（03）5276-7785

http://www.schoolpress.co.jp

印刷所　図書印刷株式会社

ISBN 978-4-87981-550-7　C8095 NDC419

ちしきのもり

『みんなが知りたい 放射線の話』 谷川勝至 文

『巨大地震をほり起こす
大地の警告を読みとくぼくたちの研究』 宍倉正展 文

『知ろう！ 再生可能エネルギー』 馬上丈司 文　倉阪秀史 監修

『500円玉の旅　お金の動きがわかる本』 泉 美智子 文

『はじめまして モグラくん
なぞにつつまれた小さなほ乳類』 川田伸一郎 文

『大天狗先生の㊙妖怪学入門』 富安陽子 文

『町工場のものづくり　－生きて、働いて、考える－』
小関智弘 文

『本について授業をはじめます』 永江朗 文

『どうしてトウモロコシにはひげがあるの？』 藤田智 文

『巨大隕石から地球を守れ』 高橋典嗣 文

『「走る」のなぞをさぐる
～高野進の走りの研究室～』 高野進 文

『幸せとまずしさの教室』 石井光太 文

以下、続刊

盗人《ぬすっと》をつかまえろ!

ある日、和算塾《じゅく》帰りの和太郎《わたろう》が、
村はずれの橋にさしかかったときのこと。

あー、問題をとくのに夢中《むちゅう》になってたら、すっかりおそくなっちゃった。かあちゃんに大目玉をくらうぞぉ。

おや、橋の下からなにか聞こえる……

だから、七反《ななたん》ずつ分ければ六反あまるし、八反ずつ分ければ九反足りないんだよ……